面向未来的创新

——智能家居与智慧环境设计

董治年　王春莲　严　康　著

Smart Home
Intelligent Environment

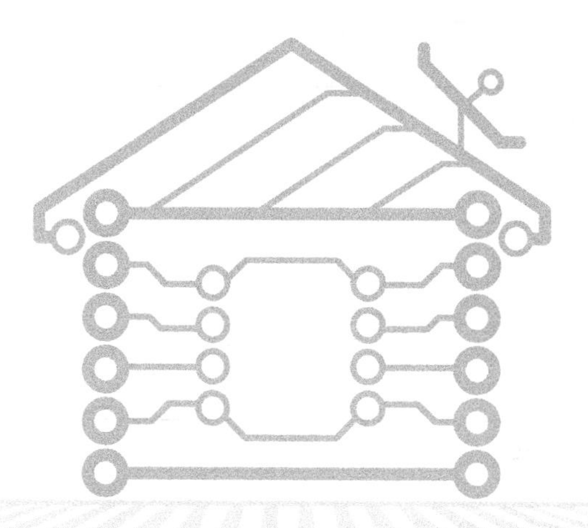

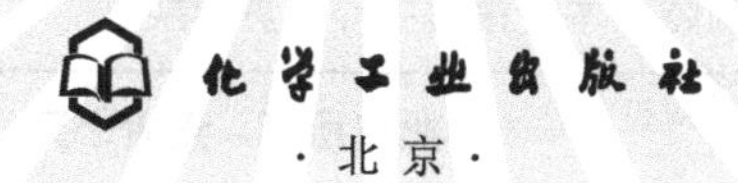

化学工业出版社
·北京·

内容提要

《面向未来的创新：智能家居与智慧环境设计》内容全面、新颖，为读者提供了智能家居和智能环境的系统框架知识。由浅入深地讲解了移动互联技术和家居产业的融合，帮助入门者理解智能家居的原理和发展概况。与此同时，重在系统地介绍智慧环境中的各种智能设计方向，全面介绍了智能环境设计的整个生态圈，包括智能家居系统、产品单品、智能家电和家具等，将环境功能设计、交互设计、绿色设计等传统设计学科与智能产品结合起来，对构建未来的整体智慧环境设计提供指导，并尽可能覆盖了智能家居领域的国内外最新技术发展。

本书适合智能家居领域的从业者，以及大中专院校相关专业的师生阅读参考。

图书在版编目（CIP）数据

面向未来的创新：智能家居与智慧环境设计/董治年，王春蓬，严康著. —北京：化学工业出版社，2020.7（2024.7重印）

ISBN 978-7-122-36748-8

Ⅰ.①面… Ⅱ.①董…②王…③严… Ⅲ.①住宅-智能化建筑-建筑设计 Ⅳ.①TU241

中国版本图书馆CIP数据核字（2020）第078020号

责任编辑：孙梅戈 毕小山
责任校对：王素芹
装帧设计：王晓宇

出版发行：化学工业出版社
（北京市东城区青年湖南街13号 邮政编码100011）
印 装：北京盛通数码印刷有限公司
710mm×1000mm 1/16 印张11³/₄ 字数200千字
2024年7月北京第1版第3次印刷

购书咨询：010-64518888
售后服务：010-64518899
网 址：http://www.cip.com.cn
凡购买本书，如有缺损质量问题，本社销售中心负责调换。

定 价：68.00元

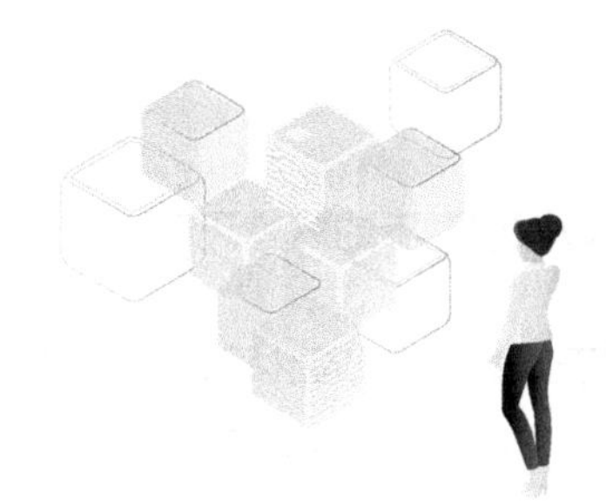

目录 — Contents

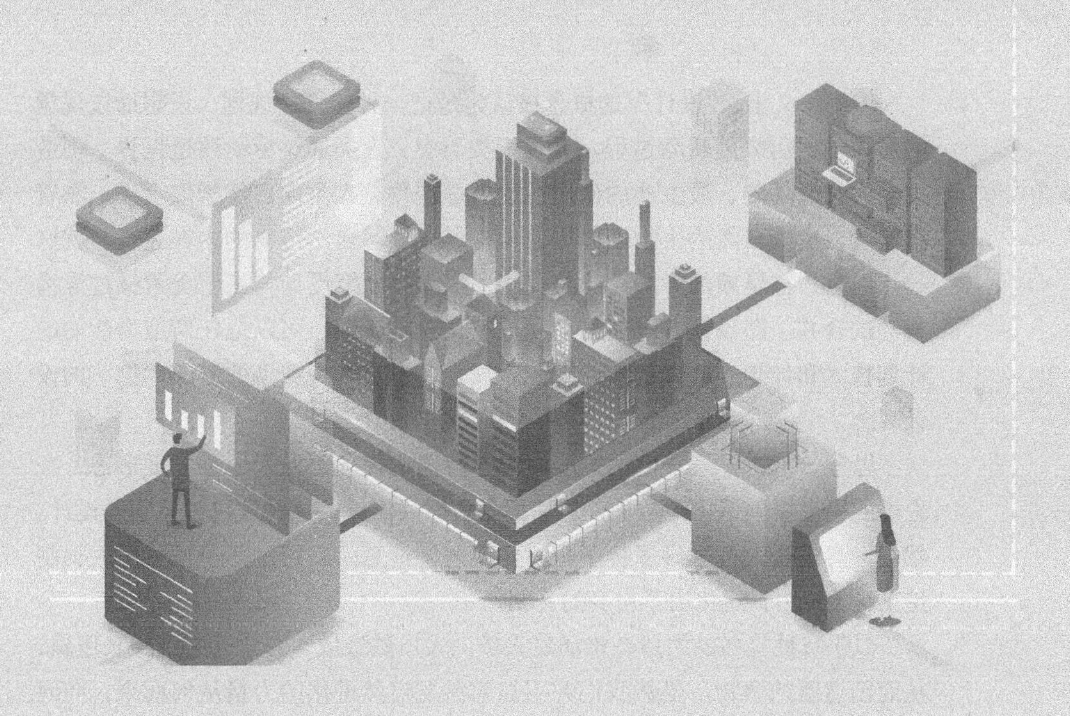

第一章

现代设计的新里程碑

人们将自然逻辑输入机器的同时，也把技术逻辑带到了生命之中。

——凯文 · 凯利（Kevin Kelly）《失控》

传统意义上，“设计”的概念被认为是把一种计划、规划、设想通过视觉的形式传达出来的活动过程。纵观人类历史，人类通过劳动改造世界、创造文明，其最基础、最主要的创造活动就是造物。人类向自然索取食物、衣着和居所，也从自然的生物圈中提取原材料来学习自然造物的内在逻辑。就这一点而言，在早期的中国设计教育中，很大程度把设计与工艺美术做过混淆或尝试合并：即设计是对造物活动进行预先的计划，可以把任何造物活动的计划技术和计划过程理解为设计。本质上，这是一种典型的基于“物”的设计观念。

思考一下，一只普通的杯子，源于容器的需求，源于一种物理形态，在人类的手上被创造出无数种外形，由各种材质组成，这种演进被认为是设计。然而，真的是人类主导了杯子吗？你又何尝清楚，是否是杯子正利用人类制造工具的能力，进化出了自身的文明。

似乎有种莫名的力量在推动着人类向大自然致敬，并学习它的生长逻辑，从而创造新的事物。虽然我们并不知道激发自然进化的力量从何而来，向何处去。

我们曾一直以为设计是人类能力的衍生，是人类掌握世界的方法与力量。然而，其实反观人类造物设计的历史，我们发现，人造物和人类其实一样，与我们共同处在进化之中，它们创造的是另一个维度的文明。人类是它们的发现者和受益者，但并不是它们的神。这一类思想从斯宾塞到德日进再到盖亚假说[1]，已经绵延了数百年，而老子则用四个字便概括了这类思想的基本形态，那就是“道法自然”。

宇宙是一部进化的历史，进化贯串宇宙发展的全过程。进化使物质的结构越来越复杂。设计在当今所处的时代背景正是这样一种挑战与尴尬并存的状态。

处于全球化带来的如此复杂的变化之中，其本质是每一次产业革命带来

---

❶ 盖亚假说（Gaia Hypothesis）是由詹姆斯·洛夫洛克在1972年提出的一个假说。他认为地球表面的温度、酸碱度、氧化还原电位势及大气的气体构成等是由生命活动所控制并保持动态平衡，从而使得地球环境维持在适合于生物生存的状态。后来经过他和美国生物学家马古利斯（Lynn Margulis）共同推进，盖亚假说逐渐受到西方科学界的重视，并对人们的地球观产生着越来越大的影响。同时盖亚假说也成为西方环境保护运动和绿党行动的一个重要的理论基础。

图1-1　赫伯特·斯宾塞
（Herbert Spencer）

图1-2　德日进
（Pierre Teilhard de Chardin）

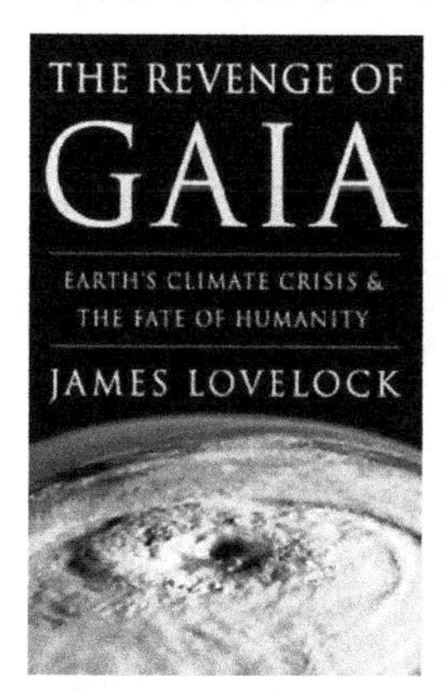

图1-3　“雏菊世界”模型，黑白雏菊的平衡演变

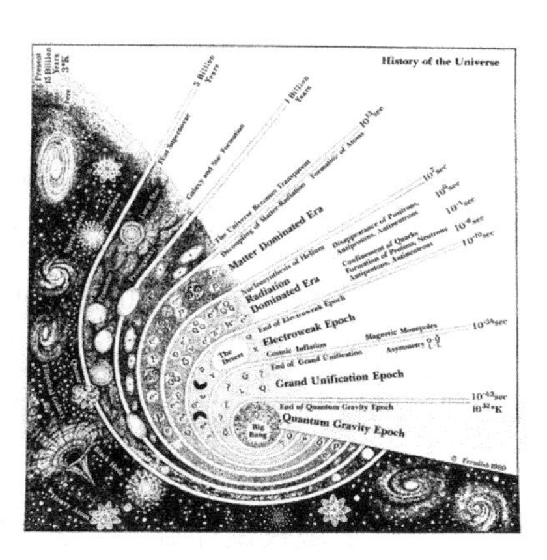

图1-4　宇宙的历史

图1-5　宇宙星云图

图1-6　地球

的升级对“设计”这个概念的重新定义及其涵盖的范围乃至研究方法的一次反思或批判。可以说，在全球化的浪潮下，我们面临的是一个全新的时代，同时也是一个消解地域、消解专业化领域、消解本本主义后即将或正在产生剧变的时代。一切以“后”为标榜的文化转型与文化批评——从工业社会到后工业社会，从结构主义到后结构主义，从现代思潮到后现代思潮，从机器时代到后机器时代，从物质社会到后（非）物质社会等，无非都是想说明一个问题：即当今的世界从科学到技术，从社会到观念，从建筑到城市，形成的远远不是以往那种线性的一维视域，而是不断在推动中趋于自我完善的网状发展结构。

20世纪50年代以来，计算机技术飞速发展，特别是现代通信技术的迅猛发展，为人类创造了一个全新的时空概念。时空尺度彻底颠覆了工业社会时代设计哲学思想指导下的设计范围、设计内容和设计意义，设计已经成为影响人类社会及城市发展的主要因素。信息社会的到来，市场经济的发展、刺激，以形式和风格探讨为主的各种流派和思潮先后出现，形成了标新立异、各树旗帜的局面。20世纪60年代以来，福柯、德里达、德勒兹等后现代哲学家的思想在设计界日益受到重视，也正是因为他们从不同角度对现代主义的一元论宏大叙事的权威性进行不留情面的反驳与批判，才揭示了真实世界的多元复杂性以及长期被主流文化忽略、压制的非主流亚文化的价值与意义。

后现代设计哲学思想对以现代主义为代表的理性主义导向中的以下几点进行了批判性的设计反思及设计实践，即：反思排除主观因素介入设计的完全功能主义客观一元论；反思将生动真实的世界万物归结为简单的设计法则与机械秩序；反思将简化归纳的结构秩序等同于设计本质；反思否认客观世界的复杂多元性与生态协调性；反思过度强调人为设计经验主义等，并用全新的设计理念对这些弊病进行了无情的鞭挞。后现代主义意味着一种全新的世界观及生活观。我们这个时代，环境设计所面临的正是这样一个复杂、多元化、全球化、领域交融、在新的体系下探索共生并将在设计的各个方面产生新范式的时代。

作为一种趋势，环境设计日新月异的发展正是让我们在探讨对传统物质设计为对象的基础上，去探究设计价值观层面更为深入的内涵动力。然而，这种设计概念特征的归纳成果却不是静态的，而很可能是一种动态的状态。网络信息社会对原有空间概念的消解、信息和图像化更需要非物质化的虚拟生存及虚拟社区的发展来体现设计作为改变人们生活观念和生活方式的一种未来途径，当然，这也引发了原有艺术设计概念中规定的空间场所与人的关系的进一步变异。

从20世纪中叶开始，非线性科学理论的不断发明，突破了线性科学对人类的束缚，人们对欧几里德几何体系产生了怀疑，影响到人类产品制造业，则表现为产品形态的非标准化。追溯人类的设计思维历史，可以发现：人们往往忽视最普通的自然现象，比如自然界中的万物都是非规则的形状，无论植物还是动物，包括人本身在内，其形状没有一个是规则的。1972年12月29日，美国麻省理工学院教授、混沌学开创人之一E.N.洛伦兹在美国科学发展学会第139次会议上发表了题为“蝴蝶效应”的论文，提出了一个貌似荒谬的论断：在巴西，一只蝴蝶翅膀的拍打能在美国得克萨斯州产生一个龙卷风，并由此提出了天气的不可准确预报性。在非线性科学中，混沌（Chaos）指确定性系统产生的一种对初始条件具有敏感依赖性的回复性非周期运动。它的外在表现与纯粹的随机运动很相似，即都不可预测；但与随机运动不同的是，混沌运动在动力学上是确定的，它的不可预测性是来源于运动的不稳定性。或者可以说，混沌系统对无限小的初值变动和微扰，也就是参数也具于敏感性，无论多小的扰动在长时间以后，也会使系统彻底偏离原来的演化方向。混沌是非线性动力系统的固有特性，是非线性系统普遍存在的现象。牛顿确定性理论能够充分处理多维线性系统，而线性系统大多是由非线性系统简化而来的。有一个很著名的例子可以解释非线性系统的重要性：丢了一个钉子，坏了一只蹄铁；坏了一只蹄铁，折了一匹战马；折了一匹战马，伤了一位骑士；伤了一位骑士，输了一场战争；输了一场战争，亡了一个帝国。

建立在20世纪60年代的非线性科学理论，受到了混沌学、耗散结构理论、模糊理论等相关学科的启发。在哲学思想上，则如查尔斯·詹克斯所说的“哲学是道，建筑是器，道与器有关系，但那关系曲折、微妙、隐讳”，体现了哲学家吉尔·德勒兹的去中心学说及褶皱的哲学思想。1997年，查尔斯·詹克斯应邀作为英国《AD》杂志129期的客座主编，该期杂志的序言标题为“非线性建筑：新科学=新建筑？”。詹克斯在文中简述了科学界新的复杂科学（即非线性科学），已经取代了发源于牛顿经典理论的旧的现代线性科学。尽管科学家们对非线性理论还未达成一致的看法，但是，非线性科学所揭示出的关于宇宙的事实让人类认识到，宇宙其实要比牛顿、达尔文及其他人设想的更具活力、更自由、更开放、更具自组织性。接着，文章指出了新的非线性科学在建筑界已有相对等的新的建筑形式，如毕尔巴鄂古根海姆博物馆、辛辛那提阿罗诺夫中心、柏林犹太人博物馆扩建；并预言，非线性建筑将在复杂科学的引导下，成为下一个千年的一场

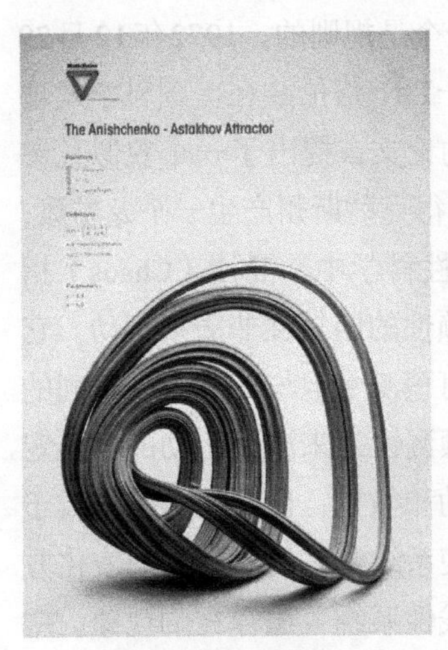

图1-7 混沌理论

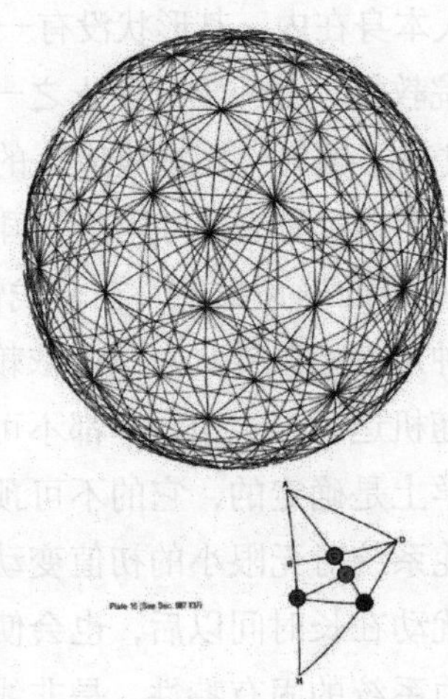

图1-8 协同学理论

图1-9 分形理论

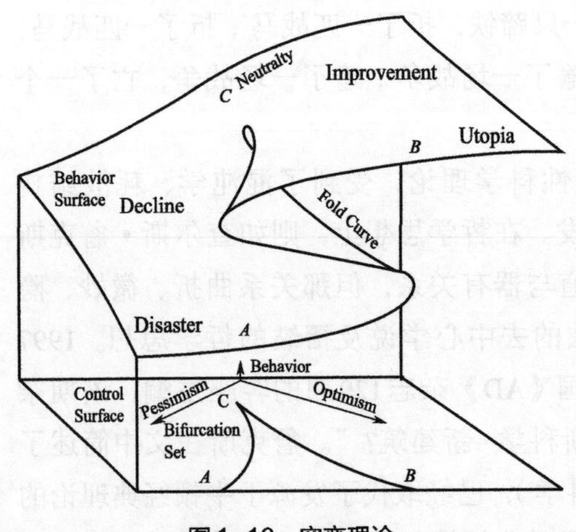

图1-10 突变理论

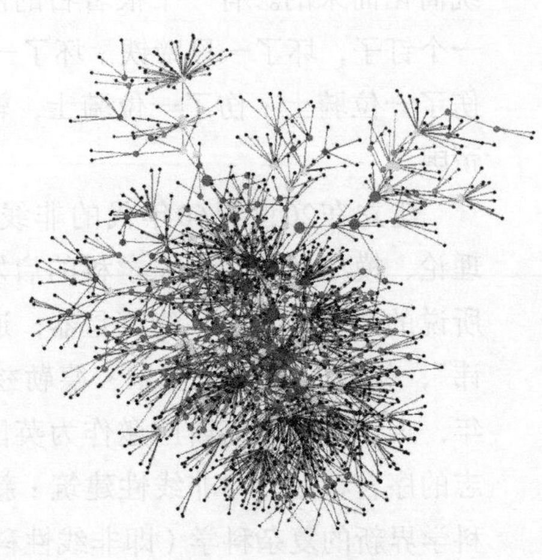

图1-11 自组织理论

重要的建筑运动。由此，设计界的非线性创作终于以20世纪60年代以来的非线性科学理论（如混沌学、协同学、耗散结构理论、突变理论、分形理论、自组织理论等）为理论基础，以20世纪哲学家吉尔·德勒兹等人的去中心性、异质性、无标度性、偶然性、开放性、反权威、反二元对立的思想为武器，对设计创作思维、过程和方法以星星之火可以燎原之势进行了一次现代主义以来最重要的变革探索。

欧几里德的几何学与柏拉图的理想主义在当代环境设计空间中的应用是与笛卡尔的空间坐标体系结合起来以后才形成的蔚为壮观的现代主义设计的形式观念。从包豪斯教学体系下引进的立体构成、平面构成作为环境设计中思考空间设计的一种训练方式，其本质是对方形、圆形、立方体、三角锥、圆柱体等纯粹的几何形状或形体的一种理想化抽象。或许我们可以从现代主义设计先驱弗兰克·赖特著名的古根海姆博物馆的设计上看到有些非线性的映射。参观者在层与层之间感受不到刚性的变化、阶梯带来的隔断感和明显的界限。人在浏览陈列品的同时，视觉所能感觉到的就是一面延绵不绝的展柜，展品与观赏者之间存在着一种持续的关联，这些都体现了非线性系统的存在。

自从著名先锋设计师扎哈·哈迪德（Zaha Hadid）设计的德国魏尔维特拉家具厂消防站建成以来，其“动态构成”设计语言就一直被学术界关注。这种有别于现代主义的设计手法不仅带来了新的建筑形式和空间体验，更为现代主义建筑开辟了一条全新的探索道路。21世纪以来，哈迪德不断发展、完

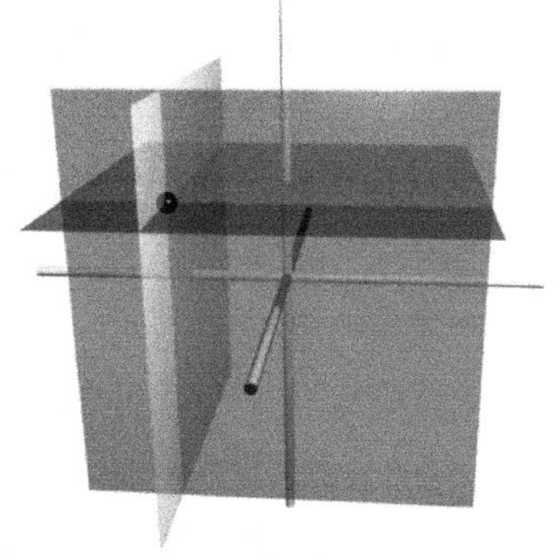

图1-12　由左至右：欧几里德、柏拉图、笛卡尔空间坐标体系

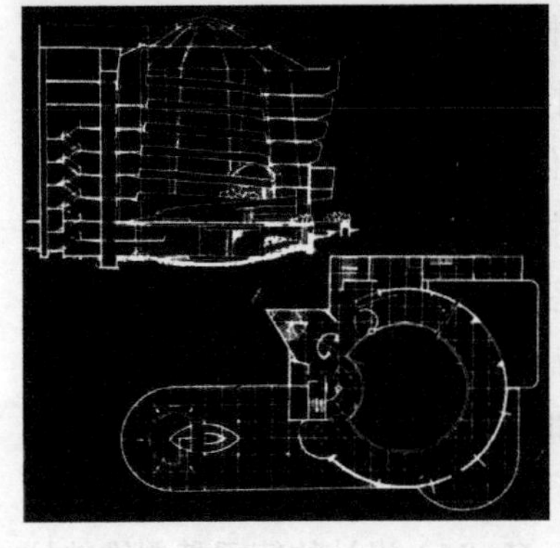

图1-13 从弗兰克·赖特著名的古根海姆博物馆设计中可以看到非线性的映射

善了这一设计语言，其作品开始向随机、流动、自由、非标准、不规则的非线性、动态建筑方向转变，更加注重对建筑复杂性的关注，通过整体控制反映建筑与场所的共生、对话，体现为“非线性流体式整体设计”。

RUR事务所则通过对社会、文化、建筑等各种因素的综合研究和实践，在建筑复杂性和建构表达方面形成了丰富的建筑理论，其作品和著作正日益获得国际社会的广泛认可。O-14商业大厦坐落在阿拉伯联合酋长国迪拜市，共22层，建造在一个两层的基座之上，包括30万平方米的办公空间。大厦的混凝土外壁提供了一个节能的结构外壳，能够让建筑核心免受侧力影响，并在建筑内创造了高效、无柱的宽阔空间。在材质逻辑下进行合理的物质材料论证与实验，也就是在物质设计与建造过程中，将以前的几何形体作为一个抽象的控制器，转变成在对几何形体操作中具体包含和体现物质与材料属性的模式。所提倡的非线性设计思维的新模式是认识到物质与材料可以通过自下而上的方式涌现设计的过程，并注重物质材料内部与外延之间相互的作用

图1-14　扎哈·哈迪德设计的广州歌剧院体现了“非线性流体式整体设计”

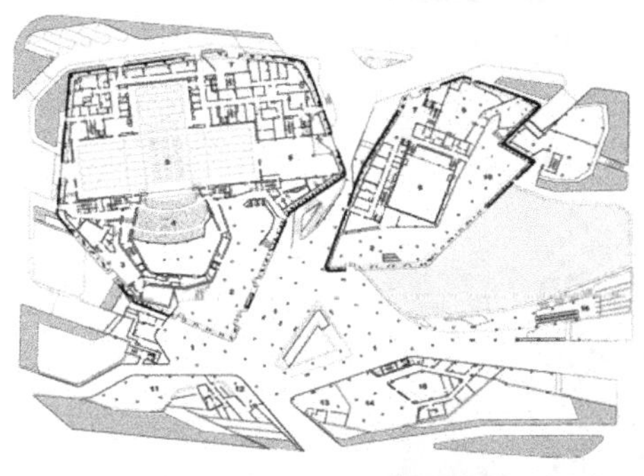

关系，避免彼此脱离地发挥在设计中的作用。

FOA建筑事务所很注重建筑表皮，认为建筑表皮应该注意三个方面的问题：包装和衬里，内部和外部，重力和失重。将表皮作为包装可以“消解外包的表皮作为内外空间之间对立产物的固定模式”。FOA在日本横滨市国际海港总站景观建筑设计中使用折叠的表皮作为自我组织的工具，并使用拓扑学的方法，使建筑表皮呈现出空间张力并且像褶皱那样使用时间和空间的内在化。这改变了表皮作为内外空间分界的传统角色，使之成为花园与港口、

图1-15　RUR事务所设计的O-14商业大厦

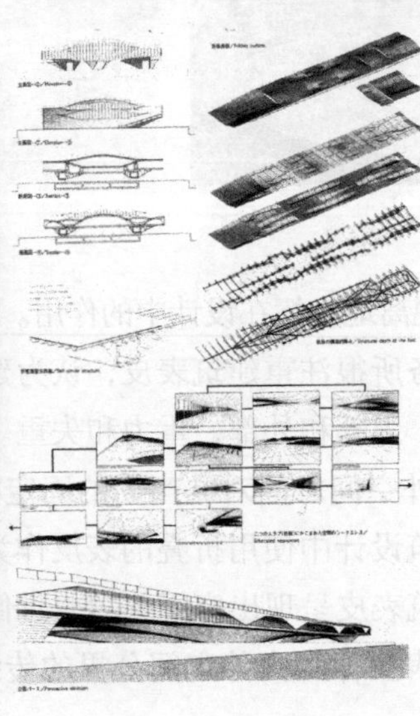

图1-16　FOA事务所设计的日本横滨市国际海港总站景观建筑

横滨市市民与外来参观者之间的交融结构。建筑的整个屋顶成为基地所处的Yamashita公园的一个部分，城市景观渗透到建筑，结构与表皮、表皮与空间完美地交融在一起。可以说这是对德勒兹“褶皱”理论的绝佳注释。

建筑师Ben van Berkel和艺术史学家Caroline Bos共同创立的UN Studio更像一个导火索，点燃了数码建筑在形式和物质层面的广泛思考。图解性地阐释“流动性”和“灵活性”成为UN Studio的标志。在韩国天安市Galleria百货公司建筑与室内设计中，UN Studio避免风格上的先入为主，在一个框架下研究组织结构的重要问题。当一个项目发展成一个清晰的概念后，由计算机

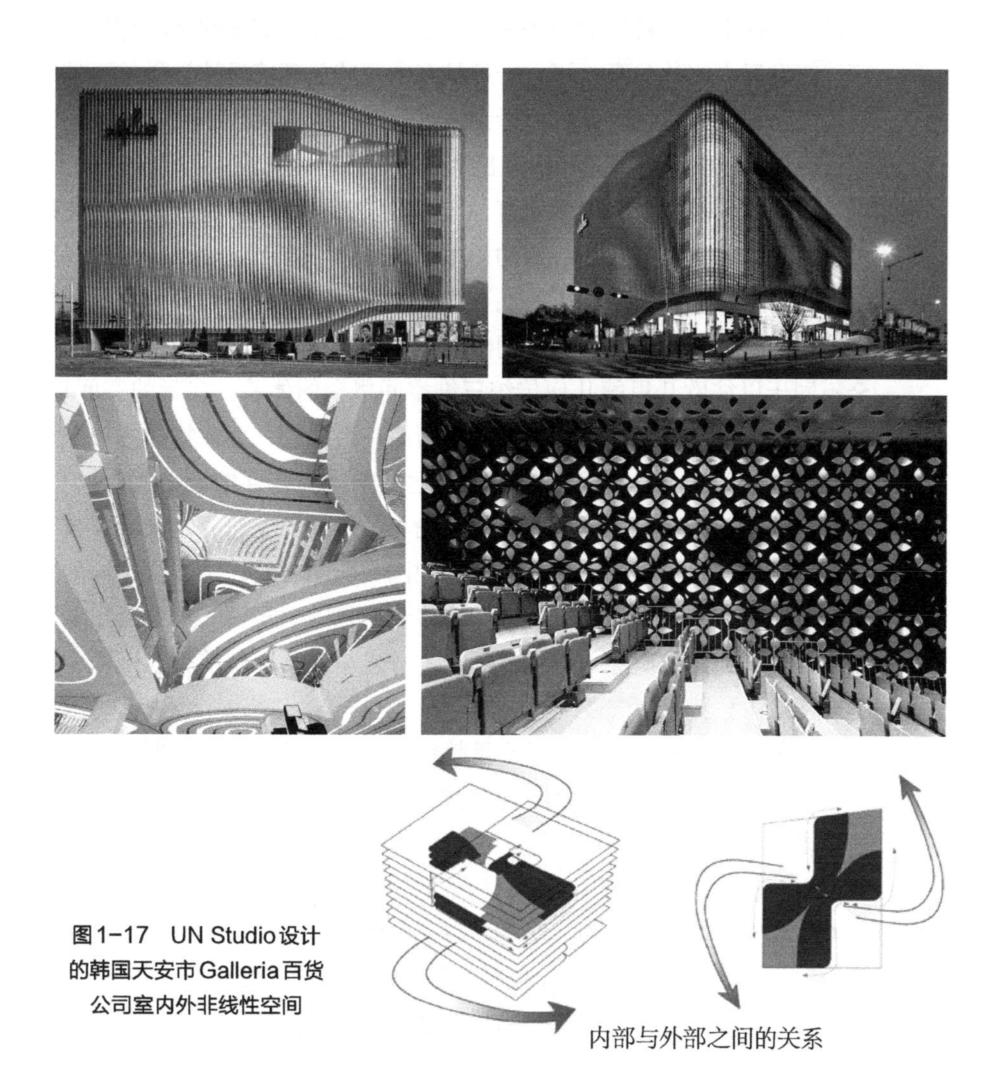

图1-17　UN Studio设计的韩国天安市Galleria百货公司室内外非线性空间

生成图形和三维模型。这些模型元素被路由和程序进行审查和选取，得出建筑物所需要的连贯空间和逻辑结构等物理形式，经过对建筑设计进行整体综合考量，将建筑的时代性、功用、发售、建造等各方面因素联系起来进行综合评估，最终形成一个有机的完整设计。

因此，我们似乎可以看到，传统意义上的设计概念发生的转变其本质是每一次产业革命带来的升级对“设计”这个概念的重新定义及其所涵盖范围乃至研究方法的一次反思或批判。值得关注的是，在2011年，随着艺术学成为一级门类、设计学成为一级学科，环境艺术设计正式更名为环境设计。作为设计学这个大学科下的一个子项，思考如何处理好全球化与环境设计学科可持续发展之间的关系，探寻一条具有中国特色环境设计学科的可持续设计发展之路，并尝试探索环境设计学科可持续发展的设计研究方法体系，将是本学科在第三次产业革命即信息社会到来之际研究的重点和希望达到的结果。对当代中国环境设计的启示而言，非线性设计思想所强调的并不是传统意义上以设计形体造型创新为目的的简单形式化模仿，而是一种在创建环境设计程序的有机思想认识基础上的创造。这种思想影响下的对环境空间建构的重新认识，主要体现在时间和空间随着物质的折叠、展开和再折叠而形成的完全不同于以往欧几里德几何传统三维空间概念的体验。在新的空间建构中，物体是在由内向外及由外向内的双向折叠中形成的，因此物体本质上没有内外之分，展开的是一个完全处于动态运动中时空共存的流动世界。在我国，虽然设计界关于非线性设计、混沌理论与分形几何的研究论文陆续发表，但多停留在概念探讨层面。但其实，在中国古典园林设计中，从不同的角度去观赏景点时都会有不同的空间体验，移步换景的感官模式早已经出现了非线性的环境设计思维萌芽，非线性系统本身也早在几千年前就已经被中国古典名著《易经》所阐述。

反顾设计发展的历史，无论是赖特的美国有机建筑中体现的建筑整体性与自然的融合，还是阿尔瓦·阿尔托芬兰式的注重材料真实性与形态有机性的结合，甚至是门德尔松代表的表现主义形式的拟态式有机性，可以说其本质都是通过打破机械的几何盒子构成的突破而对线性思维设计空间观的一种批判式实践，而其设计的方法都是以非线性建构思维去考虑设计建构的程序是如何与自然环境的整合相协调的。这就要求我们在思考环境设计生成的过程中，将非线性设计不仅仅作为一种连续流动状的形体加以运用，而更应当明确以这种形体作为结果是对于周边自然环境因素的分析与自然有机体形成逻辑的借鉴。也正是因为各种影响因子的复杂性影响，才形成一种动态的整体“过程设计”产生的最终不规则形体，而这种建构外观则是来自物体非线性自组织的体现。

混沌理论揭示了从简单到复杂之间的关系，进化所遵循的，不是我们常规的因果论，简单的因最终产生的，可能是无尽的复杂。进化这种不可测的特性，使得对人工进化的“控制”笼罩上一层浓雾，如何解开这个答案，是人类在未来获得技术飞跃必须要逾越的门槛。

无可否认，在数字化时代设计概念内涵拓展与学科跨界融合的背景下，艺术设计的这种由基于物的设计到基于策略的设计转向，正在将多元价值观作为设计的探究层面，远远超越了艺术设计学科原先对功能、空间、材料、构造、色彩等传统物质对象的内容范畴。参与性、动态、可视性、多视点性、共同性等全新的特征都协助环境设计本身有效地完成空间交流的目的、创造良好的环境体验。当然，这种体系的构建需要来自建筑学、环境设计、数字媒体、工业设计、传媒学、管理学、人类学、生物学、社会学、心理学、行为学等多学科领域的知识。体验设计、虚拟设计都为人们在创造超越空间维度、超越时间，增强人与环境感觉和交互性，增加个人意义和情感脉络关系方面取得了积极的意义，从而产生了一个全新的世界同。例如，可以交互式地探索我们全新生活方式的智能家居，可以随意漫步在博物馆提供的跨时空虚拟模型中，可以根据个人的感官和情绪产生与周边环境的互动等。

中国的环境设计正处于行业成熟期的前夜。从20世纪50年代我国在高等院校设立第一个室内设计专业，到20世纪90年代扩展更名为环境艺术专业，再到2011年正式更名为环境设计，中国的环境设计走过了50多年的坎坷历程。如果说，成立之初的室内设计专业是顺应当时时代对建筑装饰的需要的话，那么当代中国环境艺术设计的实践就是在改革开放的大环境下进行的，在改革开放的进程中伴随着中国城市化进程带来的人居环境改善共同发展的。而到了21世纪，可持续发展成为国家乃至世界一个必然的中心问题，环境设计作为一个新兴专业，必然要担当起以生态文明为理念，运用本专业技术与科学学科交叉的背景，运用全新的以当代环境伦理为指导的处理人类、社会、环境三者关系的学科优势的学科发展责任。

中国当今的艺术设计文化现状是特殊的，是以往任何国家都没有遇到过的，现代设计的课尚未补完，而后现代设计已经粉墨登场了，共同拥挤在中国这个广阔的大舞台上。在这样的全球一体化的大时代背景下，来探索中国环境艺术设计的新理念与面向环境的可持续发展型设计体系建构，尝试提出一系列关于全球化背景下未来环境设计可持续发展的思考，并对其发展现状进行研究和梳理，将对未来有所展望并具有非常重要和切实的意义。环境设计作为一门在20世纪就被定义的边缘性综合性学科，在新世纪来临后，在信息化、数字化、全球化日益成为时代特征的今天，在环境意识觉醒与可持续发展成为必然发展方向的今天，必将建立在系统性的科学与艺术互为一体的设计学领域学科交融的联系框架下，从一种机械时代基于“物”的设计观念转化为生命时代基于“科学研究”的设计观念。

任何生命个体都是不稳定的自然力量产生的根源，而多样性又催发出内

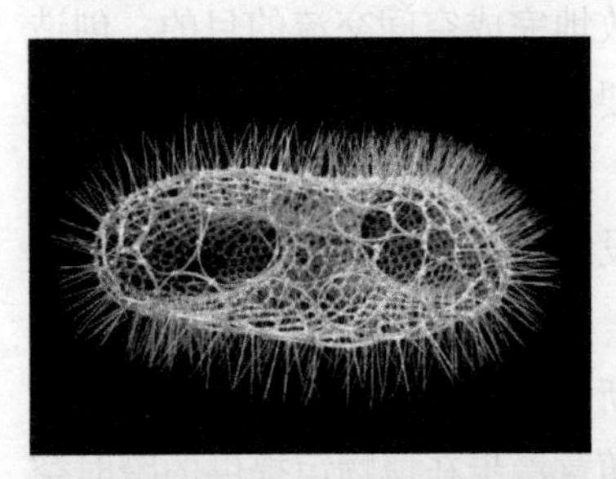
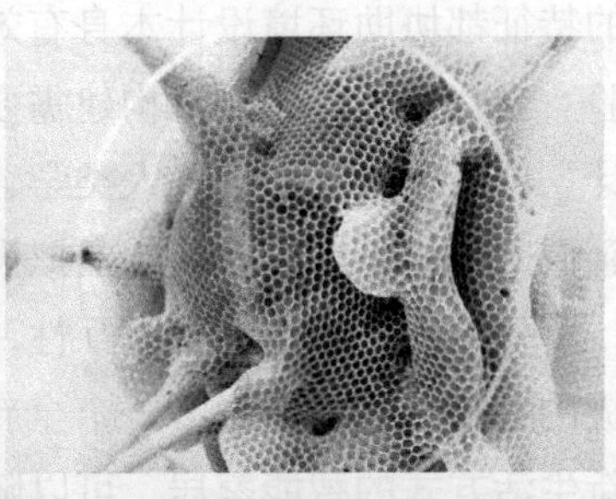
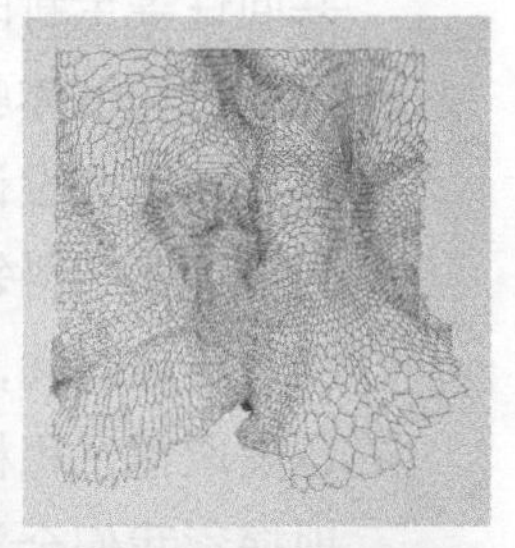

图1-18　自然界中生命体的自组织形态及其在设计中的应用

循环的生态系统，生物在竞争中合作，在合作中共生，从而最终达成一种摇摇欲坠的平衡。多样性其实是另外一种数量上的扩张，是进化趋向复杂性的动力，那我们与环境之间，是否也存在着共生的关系？

设计思维的核心是创造性思维，它贯穿于整个设计活动的始终。从某种意义来说，创造的意义在于突破已有事物的约束，以独创性、新颖性的崭新观念或形式体现人类主动地改造客观世界、开拓新的价值体系和生活方式的目的性活动。而“设计研究”是在一个大的过程中进行的一系列行动、思考、选择，为了实现某一个目标，预先根据可能出现的设计问题制定若干对应的方案，并且在实现设计方案的过程中，根据形势的发展和变化来制定出新的方案，或者选择相应的方案，最终实现目标。

如果对物质施予以精确的控制，你可以获得1+1=2的结果，但如果你能催发出物质自组织的特性，那么你可能会使系统自发的呈现趋向于复杂的特点。这种自发是进化赋予物质本身的力量，进化催生出了一系列自发的演进。

设计也是如此。

混沌，将是全球化浪潮下，设计所必然面临的一个复杂、多元、领域交融、在新的体系下探索共生，并将在设计的各个方面自组织涌现新范式的新时代。

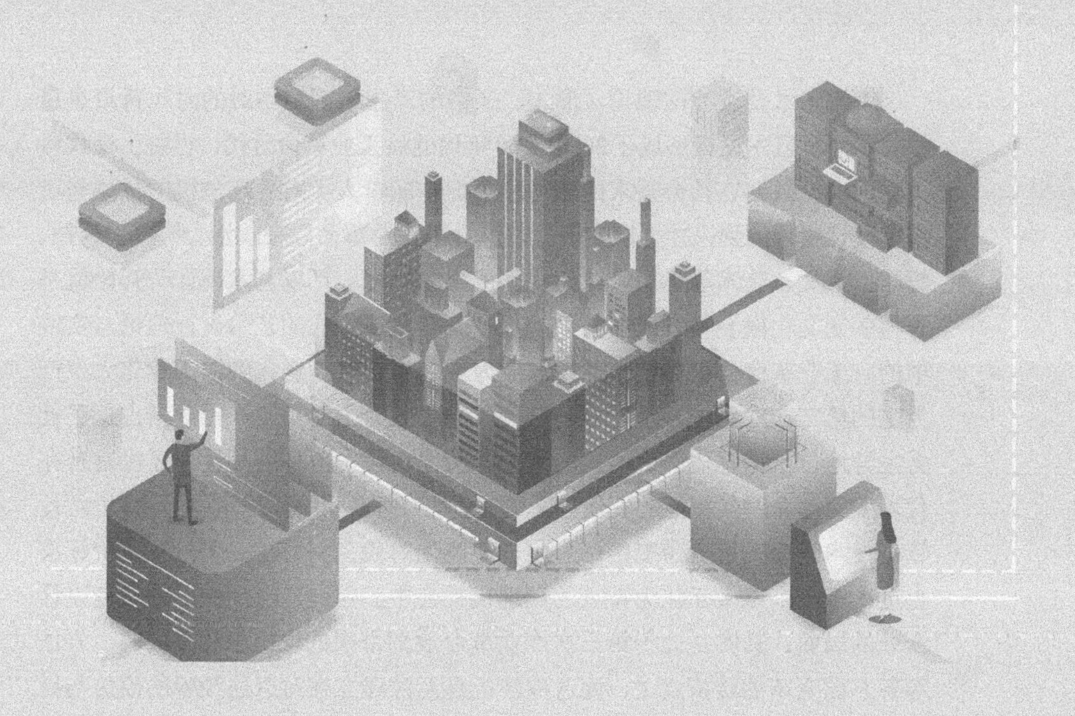

第二章

当代跨界设计观的拓展

任何艺术及设计的理论、形式、风格的产生，都与当时的时代背景息息相关。环境艺术设计形成于20世纪60年代的后工业革命时代，得益于现代科技的帮助，最终在社会需求的驱动和互促中随着人类对生态危机的觉醒与可持续设计思想的到来才得以实现，并综合了工业革命以来政治、经济、科技、哲学、人文、艺术等各个领域的优秀成果。所以，环境艺术设计一开始就是作为多元文化融合与交叉研究下的产物而存在于当代的艺术设计理论与实践中的。工业革命使人类社会从以农业为主的第一产业进化到以工业化大生产为主的第二产业结构，现在则是以信息、服务为主的第三产业逐渐占据了社会主导地位。信息化网络时代的到来，使得当代中国环境设计在还没有补完代表工业革命时代特征的现代主义的设计课的情况下就直接被置于21世纪计算机技术飞速发展后带来的信息化、智能化时代，同时在文化价值评价标准上进入了一个以多元化为特征的后现代社会中。因此，当代中国的环境设计所处的局面，其实是处于第三次产业革命浪潮带来的设计思想、内容、方法等各方面变革的转折点上，而这种转折是无法建立在对以往经验的模仿与借鉴之上的。究其原因，是全球化的文化与技术发展，必然带来全球性的对设计问题的重新定位与思考，而远非中国一个国家的问题。当然，如果我们再次期待出现一种像现代主义那样放诸四海而皆准，能处理当前环境设计中面临的社会问题、自然环境问题等种种纷繁复杂的问题的灵丹妙药，似乎是不可能的。库哈斯就此认为，“全球化”设计师不是指设计师在全球化的浪潮下使设计趋同，而是指他能够以更加全球化的观点来看待设计的可能。

这种库哈斯认为的“设计的可能”其本质就是一种多元文化融合与交叉的共生研究成果。科学在20世纪以来的一个重要发展趋势就是与文化的融合以及与社会的相互渗透，这使科学变成了一项社会综合事业和工程。因此，任军在《当代建筑的科学之维：新科学观下的建筑形态研究》一书中认为：从广义的文化概念来看，科学技术是社会文化组成部分之一，并通过生活方式及意识形态作用于艺术、哲学等社会文化的表征；从这一角度出发，今天的科学技术本身正愈发意识形态化，科学与艺术、哲学之间的界限已经越来越模糊了；而对于科学自身，其当代特点是科学的整体化与学科间的交叉渗透。以此论断为基础进行推导，设计作为一门综合了艺术与科学特征的新兴学科，其发展路径也应当建立在整体化思维与各相关学科共生交叉的基础之上，而环境设计作为设计的一个门类，从单一的室内设计拓展到层次更加丰富的外环境设计那一刻起，就注定是一次突破学科壁垒的伟大尝试。

21世纪，环境设计学科将要面临的真正意义上的质性飞跃，在很大程度上是建立在当代中国艺术设计整体系统跨学科研究的确立与我国传统艺术学的现代转型同步进行的大时代背景下的。由于传统艺术设计研究所面临的问题多是符合工业革命时代语境下讨论的工业化设计问题，因此在信息化时代必然存在着如下问题：当代科技革命引发的研究方式日趋复杂，以及由此带来的原有各艺术设计专业界限越来越不明晰；当代人文社会科学思想转型引发的设计思想在各活跃领域的体现，并对既有设计技术手段进行反向渗透；设计研究中强调团队合作的组织化程度提高了，需要本专业内部分工甚至不同学科和领域的设计师一起开展合作性的设计研究等。这些都将原来仅仅停留在美术、工艺美术、传统设计研究层面上的学科封闭性大幅地拓展打破了。以数字化、信息化为背景下的当代环境设计中的时空概念首先受到了冲击，并在赛博空间、虚拟现实等具体的技术手段与设计理论影响下创造出一个全新的研究领域。以往仅仅对环境内外空间的形态、材质、色彩等基于“物”的实体空间形式语言设计研究经过信息化设计，综合了艺术、科学、工学等多方面知识的新领域，进而发展成为非物质社会需求下的对尊重环境本身的“服务”的设计理念。作为空间的使用者，也不再成为环境空间设计被动的使用者，而是通过时间、信息、网络界面等新因素的综合，在原本单一静态的环境设计空间里加入了参与性、动态、多视点、交互性等全新的主动参与设计的特征。至此，环境设计才脱离开其以表面装饰为特点的学科研究瓶颈，而真正通过人的感知体验与环境产生的深入交互而反映出了环境设计独特的审美价值。

这种理想状态下人与环境共生共融的四维空间实际是时空概念的组合，虽然在中国古代传统空间营建思想中，聚落、园林、建筑环境已有体现，但由实体与虚空构成的时空统一连续体的感觉形象还是建立在以信息化、数字化为技术实现条件的跨学科研究的时代背景下，并通过人的主观能动性与时间运动相交融，才真正得以实现环境设计的全部设计意义的。

当代建筑与环境设计的关系、当代艺术在环境场所中的参与、数字时代的到来对环境空间概念的拓展，这些当代环境设计中体现出的共生与交融的新趋势都为我们在当代中国的环境设计领域提供了最佳的研究与实践契机（图2-1）。全球化带来的是一个多元共存的时代，各种学科的交融会成为当代中国设计创新的必然选择。跨学科作为一种“合作研究”，是对人为设置的学科形成的限制的一种突破。环境设计作为本身就起源于跨学科的产物必然也会天然地吸收和集中本学科之外来自建筑学、数字媒体、工业设计、艺术学、

图2-1　当代环境设计在新时代作为共生与交融的新成果和新思维
（Nicholas Grimshaw作品：伊甸园构想）

传媒学、管理学、人类学、生物学、社会学、心理学、行为学等多学科领域的知识，以及相关学科的优秀研究成果。例如，周浩明教授认为，生态环境设计是用生态学的原理和方法，将建筑室内外环境作为一个有机的、具有结构和功能的整体系统来看待，以人、建筑、自然和社会协调发展为目标，有节制地利用和改选自然，寻求适合人类生存和发展的符合生态观的建筑室内外环境。这就是当代环境设计在新时代作为共生与交融的新成果和新思维。

环境设计师们在各种新思想、新技术、新理论的指导下不断进行着各种环境设计实践的探索，使得当代中国环境设计理论与形式不断涌现。在可持续发展成为人类实践主题的当代，突破了线性设计思维对人类的束缚，我们的设计在融合与共生的有机非线性思维新方法的指引下必将更加接近客观世界的本质。21世纪环境设计学科会真正建立“以环境艺术设计的理念构建可持续发展的结构体系”，从而产生一个真正意义上的质性飞跃。

第一节 技术与文化层面的智慧环境设计

当代设计理论关注的焦点正从20世纪八九十年代对哲学理论的借鉴进入到新世纪关注点所集中的科学领域。一方面，新的科学理论正逐步为设计界所借鉴；另一方面，全新的科学思维方式与方法也正在通过交叉领域的研究渗透到设计的各个门类以及设计的全过程中去。设计的发展在任何时候都从未离开过技术的发展，并且往往是紧随在技术发展的革命性变革之后而共生发展的。过去的十几年中，由于科学、技术、个人与公共生活的许多领域的日新月异的变革，设计从研究的内容到研究的方法在很大程度上都发生了决定性的变化。作为共生设计理念的实现手段之一，技术层面的可持续环境设计研究也已经成为一个日益受到认真关注的问题。可持续发展就其科技属性而言，应尽可能减少能源和其他自然资源的消耗，建立极少产生废料和污染物的工艺和技术系统，转向更清洁、更有效的技术等发展方向，使科技在环境设计中释放空前的能量（图2-2）。科技发展、新材料、新结构和新设备的应用，应当利用地貌与气候，利用太阳能、风能、水资源等尽可能减缓环境

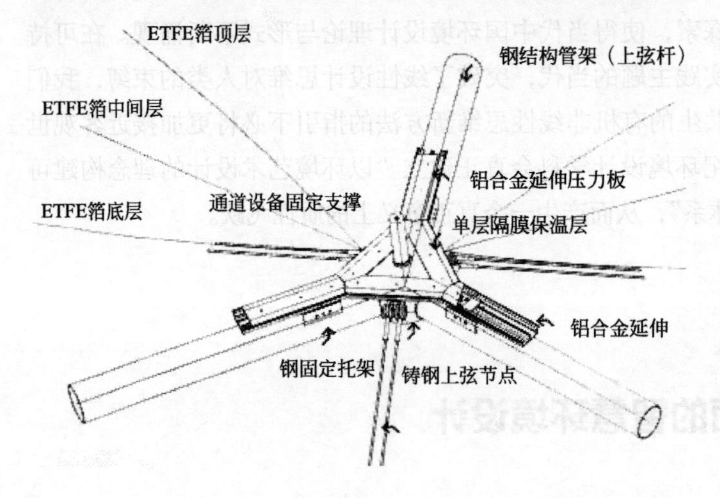

图2-2 无论使用低技术还是高技术的设计手段，都是为了达到环境设计整体过程与自然共生的优化性

负担，减少原材料和自然资源的使用或减轻环境污染，使得自然环境中的气候、地貌、水文、土壤、植物和动物界成为有机结合而成的综合体。而人居环境是一种自然环境与人造物的复合系统。无论使用低技术的设计手段还是高技术的设计手段，在环境设计实践中的设计对象都应当尽可能地将维护整个设计产品的生命周期作为共生设计理念的主要创新设计目标，充分考虑人类环境存在为人服务或使用功能上的全程性，从而达到环境设计整体过程的优化性。

兴起于20世纪80年代的复杂性科学（Complexity Sciences），是系统科学发展的新阶段，也是当代科学发展的前沿领域之一。复杂性科学的发展，不仅引发了自然科学界的变革，而且也日益渗透到了哲学、人文、社会科学领域。复杂性科学作为一种在研究方法论上的突破和创新，其首先是一场方法论或者思维方式的变革。任何系统或过程，即任何完全由相互作用的部分构成的构造，在某种程度上都是复杂的，比如：自然客体（植物或河流系统）、物理的人工制品（手表或帆船）、精神生产过程（语言或传授）、知识的形态等，所以复杂性科学首先和最重要的研究问题是关乎系统组成要素的数量和种类多样性的问题，以及相互关联的组织机构和运作结构的精巧性问题。就设计而言，自20世纪60年代以来，以混沌理论、耗散结构理论、涌现理论、突变论、协同论、超循环论等为代表的复杂性科学理论突破了以往传统科学范式对人们的逻辑束缚。作为一门发轫于1750年工业文明催生的现代设计，其正是通过与机器化大生产相适应后制作与设计的分工，才最终蜕茧化蝶的一门独立的学科。设计已经越来越不能满足于“赋予形式以简单意义”这个早期定位了。复杂性科学揭示了自然界和人类社会的产生、发展和运作的有机非线性特征，同时动摇了人们通常看待事物时的传统、机械、线性、决定论的思维方式。设计师已经不能仅仅作为产业生产的“绘图板”或者“装饰艺术家”的角色而存在于这个混沌和有序深度结合、有机非线性与线性逻辑系统混合组成的并共生的复杂性综合体世界。

从1999年北京世界建筑师大会的“建筑学的未来”到2002年威尼斯双年展的“未来”、2004年的“变异”、2006年的“超城市”、2008年的“超越房屋的建筑”和“传播建筑”，讨论主题时刻关注的都是当今时代设计的变化、发展和未来。运用新技术、新科学进行探索的理论性主题展览也层出不穷，如2003年巴黎蓬皮杜中心的非标准建筑展，2006年北京的“涌现”国际青年设计师作品展等。可以说，随着科学的新趋势与技术的新发展，现阶段的设计研究已经从早期现代主义时期的空间、形态、构造方法的研究进而成为一种从科学获得启发，借鉴相关的科学理论、成果和方法，对信息时代受复杂性科学的影响而产生的，以生态哲学为思想依据、以计算机作为辅助设计工具的，试图通过设计复杂多元与变幻莫测的直观形态和丰富空间体验来模拟与还原现实世界的复杂性的设计研究。例如，彼得·埃森曼以建筑学形式语言敏锐地回应时代的巨变，弗兰克·盖里走向了建立在数字化生产和个人风格的构造美学，格雷格·林用计算机工具生成新型的空间，库哈斯试图将建筑学部分地定位于更广泛的城市社会系统，扎哈·哈迪德则执着于如流体般动态塑形的形态，赫尔佐格和德梅隆将绿色概念引入建筑表皮产生非物质化的信息建筑。

然而这些都让我们看到了这样一种趋势：在全球化生态文明的时代背景

下，设计师开始重视对设计地段的地方性和地域性的理解，延续地方场所的文化脉络，树立建筑材料蕴藏能量和循环使用的意识，在最大范围内使用可再生的地方性建筑材料，针对当地的气候条件尽量应用可再生能源，完善建筑空间使用的灵活性以便减少建筑体量，将建设所需的资源降至最少，减少建造过程中对环境的损害，避免破坏环境等未来设计发展的可能性。而这种可能性，则是以可持续发展思维为特征，以技术运用为物质基础，让我们的环境设计真正获得一种可持续发展的力量。

环境设计从学科建设的本质而言，很大程度上是随着科技的高速发展、高度的物质文明与恶劣的生态环境并存，以及人们对环境的反思日益激烈，从而思考如何以新技术和自然材质创造出优良的人工生态环境，最终取得与自然的和谐为目的的。一个专业的兴起与发展，有其必然的原因，而时代的文化背景乃至整个社会形态结构都是导致其必然性的最深层次的动因和驱力。在西方社会的整个发展过程中，科学和技术这两个概念是建立在古希腊的理性和逻辑思想上的。近代社会以来，以培根为代表的经验主义和以笛卡儿为代表的逻辑哲学是现代西方社会启蒙运动的两块基石，也是西方现代文明的基石。从19世纪末到20世纪60年代，西方社会在上述思想基础上完成了工业革命和城市化过程。胡塞尔在《欧洲诸学派的危机和超越论的现象学》中讲到：所谓20世纪的机械时代，是客观主义的合理主义时代。并由唯一的规则，将整个世界均质化、等质化，进而对世间万物进行说明。所以黑川纪章认为，20世纪机械时代的建筑与艺术的表现手法与机械是由零部件构成而发挥性能的，机械中是不允许暧昧性、异质物质、偶发性、多义性存在的。环境艺术设计80年代早期的教学体系与教学逻辑恰恰正是建立在这种以现代主义包豪斯设计教育为楷模与典范的基础上的，可以看到根据分析（Analysis）、结构化（Structuring）、组织化（Organization），并经过“普遍性的综合”（Synthesis）而产生的设计教学模块要求，始终贯穿着从“后工艺美术”的年代到近十几年的“现代主义补课”阶段来进行实践与探索的。

在文化伦理层面上，就可持续设计的自然属性而言，是寻求一种最佳的生态系统以支持生态的完整性和人类愿望的实现，使人类的生存环境得以持续。作为环境设计实践的指导思想，可持续发展思想不仅为人类社会的发展方向提供了新的概念、原则和目标，重要的是它还提供了一种新的发展观。因此，相对“机械时代”，黑川纪章认为，21世纪的新时代将成为“生命时代”。所谓生命时代，就是正视生命物种多样性所具备的高质量丰富价值的时代。机械本身不能生长、变化和新陈代谢，而生命却拥有惊人的多样性。环境伦理学中提到的几个基本问题：珍重地球上一切生命物种、珍重自然生态的和谐与稳定、顺应自然的生活，这三点都是建立在“非人类中心论”的基础之上的，即自然中没有等级差别，人类也是生物联合体中的一个平等成员。将自然看作是机能性整体的自然观，是为了确定以大地共同体（或生物共同体）的整体性健康和完善的伦理取向，把人类的经济行为和其他一切行为纳入维护自然整体利益的道德规范中。

从詹克斯的“宇源建筑学”开始，包括联合网络工作室的“流动力场”、格雷格·林的“动态形式”、NOX的“软建筑”、FOA的“系统发生论”、伊东丰雄的“液态建筑”、卡尔·朱的“形态基因学”等，无不体现着世纪之交的当代设计现象的变幻纷呈。从分形几何学、非线性数学、复杂性科学、宇宙学、系统理论、计算机理论、协同学、遗传算法等科学理论中探讨当代设计的理论、方法、形态和空间，从而产生出各种形式的层出不穷：连续、流动、光滑、塑性，复杂、混沌、跃迁、突变，动态、扭转、冲突、漂浮，消解、含混、不定等，各种探索如涓涓细流，逐渐汇集成一条潺潺前行的溪流，让人们能够探寻生命时代设计发展的轨迹。全新的形式变换、前所未见的空间形态以及多元化的审美观和价值观，在新世纪初出现了多元化的探索，设计不再有统一的标准和固定的原则，成为一个开放的、各种风格并存的、各种学科交汇融合的学科。在新世纪信息化、数字化、全球化的背景下，必然将在研究目的与研究框架上改变机械时代以简单功能主义为代表的现代主义设计逻辑，结合生态文明发展趋势，从当代多样可能性的科学观念角度探讨当代环境设计的理论和方法，从而建立全新的以环境设计共生哲学观、共生空间观、共生审美观直到共生价值观为切入点的整体研究体系。

不可否认，就现今中国的环境设计生存土壤而言，可持续设计作为一种兼具理想主义色彩与强烈社会责任意识的创新设计思潮，往往在实施中仅仅只是一种单纯的设计风格的变迁而被曲解地应用。因此，强调可持续设计的文化伦理层面的教化功能，或许在中国环境设计发展中的作用要远大于通过简单强调工作方法的调整，如在绿色设计、生态设计、生命周期设计、节能设计等具体的设计方面的单纯技术实践（图2-3）。

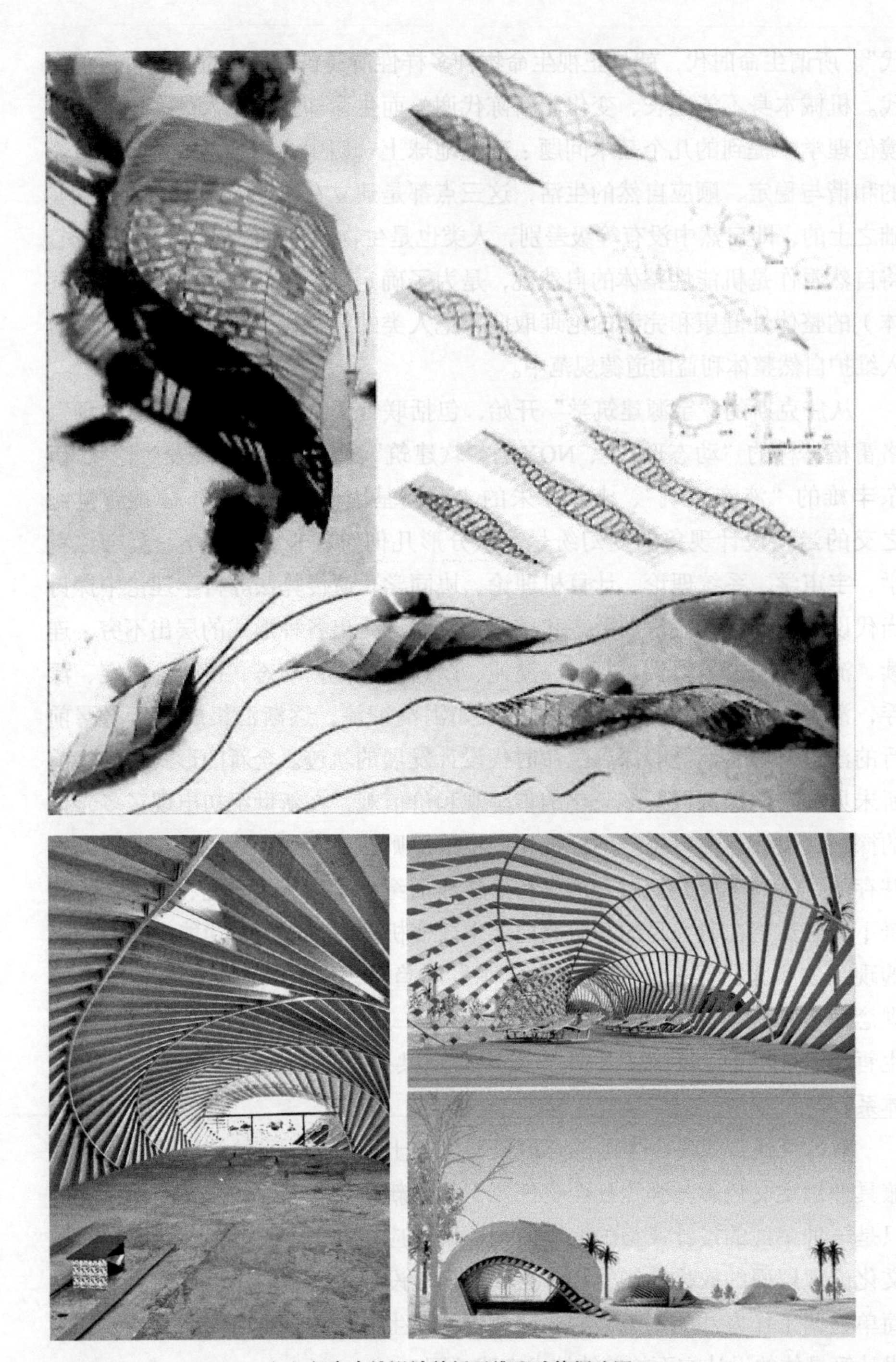

（a）伊东丰雄设计的托雷维耶哈休闲公园

（b）Lwamoto Scott设计的水母住宅

图2-3　当代设计呈现出探寻生命时代设计发展的轨迹

每一门学科都应当有一套属于本学科的方法论，而就当前可持续环境伦理观指引下的新的环境设计教学体系而言，其必将建立在系统性的科学与艺术为一体的设计学领域学科交融的联系框架下。从一种“机械时代”基于“物”的设计观念转化为“生命时代”基于“科学研究”的设计观念，生活方式、互动体验引发的物质与非物质设计的高度综合将成为环境设计的核心研究对象；环境设计的教学研究也将完成由当代科学观到环境设计观念和方法的转换。环境设计学科领域的教学研究有必要在哲学、美学之外更加注重信息时代背景下第三次产业革命带来的新科学观念与成果，以真正加强学科体系的自明性。

第二节
智慧环境设计与当代数字科技

一、数字时代对空间概念的拓展

20世纪50年代末，随着计算机的出现和逐步普及，人类社会已经步入数字化时代。欧美发达国家主导的时代进步，其时间跨度概念是以人们常用最具代表性的生产工具的变革来代表一个历史时期变革更替的，如石器时代、铁器时代、蒸汽时代、电气时代、数字时代等。因此，从人类第三次产业革命开始一直到现在，新科技革命呈现出以电子信息业的突破与迅猛发展为标志的从电气时代走向信息时代的态势。而因为电子信息的所有机器语言都是建立在以数字为代表的庞大语言逻辑体系上的，所以所有的一切建立在数字化电子信息基础上的数字时代，也就成了信息时代的代名词。

新技术正在从根本上改变我们的日常生活，其中20世纪末数字化技术的发展和成就引发的电子技术和数字化媒体的兴起与普及，如赛博空间借助超媒体、信息技术、虚拟现实、人机界面、电脑游戏等多种显现方式正在构成人类对环境空间概念的重新定义与反思。麻省理工学院媒体实验室主任尼葛洛庞帝在《数字化生存》一书中提出，信息的DNA正在迅速取代原子而成为人类生活中的基本交换物，“比特”正在从生活中的点滴入手，为人类生活方式的变革带来巨大影响；在数字时代变化的影响下，人们交往方式的变化变得日益“比特化”；数字化环境下我们的生存观等三个主要特征；并预言式地举例并展示了数字化科技对我们生活、工作、娱乐、教育带来的各种冲击。麻省理工学院建筑与规划学院院长威廉・J.米切尔和尼葛洛庞帝同样具有建筑学的背景，他在其著作《比特之城：空间、场所和信息高速公路》《伊托邦：数字时代的城市生活》《我++：电子自我和互联城市》数字空间“三部曲”中进一步对数字时代的到来，以及对未来信息时代的城市、建筑、环境空间呈现的面貌提出了其前瞻性的观点，旨在说明随着比特的运用不断普及，被信息高速公路所连接的未来实质空间、位置、建筑及城市生活方式体现出的特征明显的数字化空间趋势（图2-4）。正如文丘在《建筑的复杂性与矛盾性》一书中提出的，“轻柔的宣言”拓宽了设计探索和表现的道路，从而开启了设计后现代阶段并融入解构主义大潮，解构主义之后该怎么办，或许只能是“到电脑化空间拓荒去”。

图2-4　数字化空间设计趋势

赛博空间（Cyberspace）的诞生，体现了数字时代到来后人类生存空间的演进与科学技术的进步相联系而产生的人类依靠自身知识的积累和智慧创造力来应对解决生存问题的一种途径。赛博空间也被称为异次元空间、多维信息空间、电脑空间、网络空间等，本意是指以计算机技术、网络技术、虚拟现实技术等信息技术的综合运用为基础，以知识和信息为内容的新型空间。这一空间的定义已经打破了既有对物质空间的定义范畴，在哲学上呈现出一种法国哲学家德勒兹所关注的无结构的结构、非中心性的、非整体化的后结构主义哲学美学旨趣，空间观念也吻合于其《千高原》一书中“重复”“折叠”“叠层”等概念空间或“块茎”图式，进而成为人类用知识创造的人工世界下一种用于知识交流的虚拟空间。其本质是在20世纪以来科学技术创造了高度发达的物质文明的同时，在人类的利用中产生了的反自然的异化力量带来的全球性生态危机的背景下，人类的可持续发展受到严重威胁后寻求一种新的生存空间的迫切需求。

汤因比曾经写道：“人类将无生命的和未加工的物质转化成工具，并给予他们以未加工的物质从未有过的功能和样式。而这种功能和样式是非物质性的。正是通过物质，才创造出这些非物质的东西。”因此，我们可以这样认为：非物质设计是社会非物质化的产物，是以信息设计为主的设计，是基于服务的设计。在20世纪80年代，西方设计学界就开始探讨设计向后工业社会过渡和未来的设计走向等问题，提出了基于电子信息空间的虚拟化设计、信息设计、网络界面设计等概念，这类设计涉及数字语言及程序化等非物质特征，因此提出了非物质设计的概念。当代非物质设计概念的提出正是在数字化科技时代到来的背景下，从一个基于制造和生产物质产品的社会向一个基于服务的经济性社会的转变。这种转变在当代环境设计的发展中体现的不仅仅是设计范围的扩大、设计功能的增强，更多的是对将传统环境设计的对象限于外观性、硬件性、物质性表面化形态造型特性的风格化肤浅性的一种批判。只有把握当代全球化数字化背景下呈现出的影像化、交互化、虚拟化等新的数字设计特征，环境设计才能在全球化文化与科技的发展下，使以设计的物质化设计为代表的功能、形式层面的重点研究深入到方法、服务、伦理、道德、可持续等非物质设计层面。

因此，由非物质设计观引发的数字化技术支撑的赛博空间，将信息时代环境设计中的网络空间感受、信息技术与艺术思想、情感化的交互哲学等诸多层面，用以非物质的虚拟设计、数字化设计为主要特征的设计新领域手段替代以往以设计的功能、形式、存在方式为设计本质的物质化设计。在中国设计师马岩松的作品“Net+Bar”网吧概念室内设计中，正是体现了人们在现实世界和虚拟世界两个空间中同时生活，将原本功能性的“网吧”作为一个现实世界中的社交场合，扩大其作用，使其成为在虚拟世界中显示的一个新的实体。在这个设计中，一个真正的酒吧被改造了，并且通过网络围拢的抽象形式被提出来。这个真正的酒吧由“小点”（信息分散和招待会个体）组成，并且相互“连接”（信息传输道路），各种各样的小点确定了它的结构。小点的数量和连接的方向塑造了一个真正的酒吧空间和结构。虚拟酒吧使任何人都可以加入这个地方，从地球的任何一个角落进行虚拟的“面对面”沟通。信息时代的环境设计空间观念已经突破了传统实体空间的概念界限，赛博空间作为人类开辟的第五维空间，丰富了环境设计中既有的三维空间僵化、非动态化、物质机械性，形成了“实体空间和赛博空间、物理空间和信息空间、物质实体与信息表征、现实存在与虚拟建构之间交互联系共同存在的状态”（图2-5）。从而使当代环境设计的存在形态更为丰富、对社会的价值观与可持续的人类发展责任理解得更为深刻，也使之不再是一种以美学趣味的单

图2-5 中国设计师马岩松的作品哈尔滨大剧院室内设计

纯模仿为目的的低层次学科环节，进而从一个讲究良好形式和功能的传统设计文化转向一个非物质时代的多元再现的文化。

二、数字影像对环境设计的影响

视觉媒体是人类最重要的沟通与传递信息的形式之一。当代媒介传播学家麦克卢汉在20世纪60年代出版了《理解媒介》一书，书中以全新的视角阐述了媒介即是讯息的概念，他认为任何媒介都是人体的延伸，媒介决定文化特质与传播——感知模式。从媒介哲学的意义上说，文化传媒的嬗变就是一部人类的精神发展史和文化艺术发展史。正如王政挺在《传播：文化与理解》一书中所言："于历史而论，一部人类文明史，必然是一部媒介的发展创造史；于文化而论，它必然是一定媒介系统作用下的文化，一种媒介的创制与推广，往往孕育了一种新的文化或文明"。随着数字化与信息化日新月异的发展，信息领域由模拟信息向数字化信息过渡带来的世界范围内空间距离的缩短，使得"人类世界将会成为地球村"的这一观点，影响着人们生活方式的变革。在艺术设计领域也带来了学科交叉影响下的以信息社会数字化、非物质化、虚拟化为显著特征，以计算机图形图像技术为代表的新的视觉传播，即文化为设计学在新时代的发展带来了"提供服务和非物质产品的社会"的全新语境。

数字影像在今天已无可阻挡地进入了我们的日常生活，它改变了原有传统的设计方式，使视觉媒体传播化的多门设计艺术学科呈现出非物质化趋势，将理性思维的科学技术和艺术感觉融合为一种全新的全球化背景下艺术设计的新语言。作为视觉艺术的一种，视觉传达设计是指通过运用视觉符号语言所进行的以信息传递与沟通为目的的设计。但在数字时代到来后，赛博空间的出现拓宽了原有视觉传达设计作为传统单一平面设计替代名词的既有概念，转而将数字影像化广泛运用于电影、电视、录像、摄影、互联网、广告等动态化全新传播媒介，从而改变了人们观察日常事物的方式、获取知识的手段，以及人们的思维与观念。因而，当数字影像技术也渗入艺术设计创作领域后，就形成了与以往传统艺术创作手段完全不同的媒介方式，从而使以数字影像技术为主要特征的新媒体艺术成为活跃于当今国际艺术与设计领域的生力军（图2-6）。

图2–6　芝加哥千禧公园中运用数字影像的皇冠喷泉环境设计

作为艺术设计学科中的一员，当代环境设计在数字影像左右社会视觉语言的大背景下，随着数字技术的发展、电脑的普及、网络的扩展，以及数字时代的到来，也呈现出环境设计创作语言和表现手法的巨大拓展可能性。图像（image）作为对客观对象相似性的描述或写真，是对客观对象的一种表示，它包含了被描述或写真对象的信息，是人们最主要的信息源。视觉文化时代的到来使数字影像化的图像化视觉表达成为必然。丹尼尔·贝尔认为："目前居统治地位的是视觉观念、声音和景象，尤其是后者组织了美学、统率了观众。在一个大众社会里，这几乎是不可避免的。"我们生活在都市中，早就被光怪陆离的媒体形象所包围，媒介作为形象，在当代生活与当代文化中成为环境设计所不可回避的载体。建筑设计理论界所说的"毕尔巴鄂"效应就是将当代建筑作为媒介特征的最好例证。建筑以其形态奇观在当时当地所引起的广告效应，使其成为一种信息主体。其形态作为媒介的成功正是随着时代的进步，大众社会的视觉文化要求逐渐扩展延伸的结果，而对于设计师来说，在这个视觉文化时代，大众对视觉快感的期待已经大幅提高了。因此，当代环境设计面临的问题，正是在人造环境的历史上如何将受众需要的拥有强烈视觉冲击力的形象本身进行表达。当代城市中LED电子灯光、液晶显示器、霓虹灯、广告灯箱等都以媒介形态化的夸张大大超过了环境场所中其实体要素的空间需求。在这个意义上，数字技术的批量化、虚拟化、信息化特点就很好地满足了信息媒介的虚拟性和可模型化意义上的审美化倾向。由于数字媒体技术的不断进步，结合数字影像技术的环境视觉传达也使得环境设计创作拥有了越来越大的实践场所和想象空间，许多设计构思甚至是在以往工业社会中的设计领域所无法企及的。通过巧妙地组合各种媒体组件，传媒要素的应用可以成为创造新的空间形式的一个手段，使其成为与建筑、环境、室内空间相辅相成、相得益彰的数字媒体信息传播媒介，同时也为环境设计提供了更多形式与意义上的设计可能性。例如，法国著名建筑师让·努维尔设计的德国科隆媒体园综合大楼，把建筑的附着信息作为表达建筑形象的一个重要元素，使得建筑形式别具特色，并通过附着信息使其各自明确标识。在其设计的另一作品西班牙巴塞罗那阿格巴大厦中（图2-7），透过透明或经印刷处理的玻璃引入外部光线，并将内部强烈的彩色信息送出，这功能就如同电脑或视听荧光屏一样，除了标示性的功能之外还具有像巨大液晶显示屏一样的数字影像作为表皮显现的媒介，并将其诗意化的功能表现得淋漓尽致。

图2-7 让·努维尔利用数字媒体技术设计的西班牙巴塞罗那阿格巴大厦

随着信息技术的发展，激光技术和全息影像技术开始在建筑的传媒手段中逐渐应用，这使得传媒手段对建筑形式的影响有了更多的可能性。这种反映媒体时代特征，而对建筑表皮媒体化的极力倡导，主要体现在积极探索运用新的信息技术把建筑表皮转化成一种具有信息屏幕作用的装饰性外表包装。伊东丰雄的作品“风之卵”中创造了由包被于其外表的曲面铝板与五座内藏的液晶投影装置所组成的拟像卵体结构，并于其外表的曲面屏幕不断反射即时的都市环境影像，入夜之后卵体外表又变成为电子影像的显示屏幕，放映着错综复杂、相互迭合的未来影像（图2-8）。

设计师通过最新的信息技术把建筑的媒介功能充分地表达出来，使得建

图2-8　伊东丰雄作品“风之卵”

筑传播信息成了构成当代环境空间设计的首要的功能。电子影像的传播机制不仅网络化了整个都市的架构及连通系统，同时也通过例如高层建筑的顶部信息、商业建筑的橱窗、公共建筑的信息窗口等建筑表皮，通过数字影像体现出的色彩、肌理、字体、形象、布局等对环境设计产生了积极的影响，从而促进创造出全新的视觉效果与设计构思。位于法国巴黎香榭丽舍大街上的一个智能数字站就体现了城市物质环境设计与数字媒介环境设计的有机融合（图2-9）。这款城市公共家具是一个将科技直接植入城市生活的先行者。智能数字站为游客和居民配置了一个包含城市服务信息和指南的大型触摸屏，能让使用的每一个人都受益。这个数字站的造型像由树桩托起的绿色花园，可以遮挡阳光，为人们提供座椅，并提供高速的Wi-Fi接入；精心打磨的混凝土座椅配有插座和休息小台面，方便人们放手、书和笔记本。

在中国本土的环境设计实践中，也越来越多地出现各种体现附着信息的建筑、环境和室内空间。但值得注意的是，尽管设计师试图使形象负载较多的含义，但在商业文化倡导下的视觉文化往往正在以一种推销式的低水平审美趣味，向城市空间提供着过于猛烈的视觉刺激，而缺乏了境外设计师在表

图2-9 法国巴黎香榭丽舍大街上的一个智能数字站体现了环境设计与数字媒介的有机融合

皮意义上的严肃性和社会责任感。这种环境设计中体现出的通过将各种沟通媒体如文字、图像、声音、影像等影像艺术传媒作为设计表皮的方式和各种手段对受众视觉快感进行的超常刺激，在拓展环境设计本身设计形式与语言的基础上，会成为中国当代环境设计中如何面对“数字媒体传播时代”信息过剩与信息恐慌的新课题，并对反思数字文化传播与赛博空间具有重要的理论启迪意义（图2-10）。

图2-10 重庆解放碑商业街某建筑立面与北京世贸天阶环境设计中过度的信息视觉刺激

第三节 交互设计对智慧环境设计的影响

后现代的多元化特征为当代以万维网为标志的数字革命影响下的全新的全球共存互联的关系提供了可能性。万维网作为一种最主要的虚拟交互的聚合，其虚拟性从技术到产品之间发生的重大变化使得人类身份的开放性和赛博空间的虚拟现实特质作为人与人、人与机器的多媒体多元互动的图像空间得到了真正的表现，并极大程度地引发了我们对以交流信息为主体的数字化参与的环境设计空间关系提供了新的思考。

尼葛洛庞帝在《数字化生存》中向我们展示出了这一变化，使得我们回顾当今每一天的生活中与我们发生交互的产品，如电脑、软件、手机、数码相机、随身听、数字银行等。这些数字化时代下产生的新物种给我们的周围环境带来了巨大影响。因此，美国麻省理工学院建筑与媒体艺术教授威廉·米切尔在《伊托邦——数字时代的城市生活》一书中提出了“伊托邦”这一概念，将“伊托邦”定义为特指提供电子化服务的、全球互联的当代生活和未来城市，以此来表达“数字化传媒正演变成个人化的双向交流”这一对人类生活历史发生的复杂而微妙的影响和革命性意义。交互性是人类在缺乏媒介的情况下进行面对面交流而产生最初概念，其后发展为建筑、美术、戏剧等文化形态交互性来实现设计、艺术与观众之间的直接交流的一种方式。在当代设计学科的新发展态势下，其本质也是环境设计中人与环境关系的一种交流体验。交互设计（Interaction Design）又称互动设计，作为一门关注交互体验的新学科，在20世纪80年代产生，是定义、设计人造系统行为的设计领域。人造物，即人工制成物品，如软件、移动设备、人造环境、服务、可佩带装置以及系统的组织结构。交互设计在于定义人造物的行为方式（即人工制品在特定场景下的反应方式）相关的界面。进入21世纪，交互设计专业在中国设计院校正式出现并迅速发展，标志着以用户体验为研究切入点，以关注人与产品、环境关系之间互动并直接影响人们的全新生活方式的新设计理念的出现。信息技术的革命将把受制于键盘和显示器的计算机解放出来，使原本单调乏味、机械化、程序化的人机交流转变为使用者能够与之交谈的互动方式。而互联网、智能手机、掌上电脑等新兴媒体，使信息的传播者和受众之间产生了互动，以及更广泛、快捷、深入的沟通与交流。

作为环境设计对形成世界的三种空间的探索，（即以物理空间、心理空间和虚拟空间理论为基础的设计探索）工业革命之前我们主要通过对实体环境空间的设计与架构，形成了环境设计对第一种世界即物理和地理空间的探索；工业革命以后的现代设计则主要通过对技术空间尺度的解放，即对以人类为主体性的环境设计的内心空间的探索；到了信息革命时期，人类突破物理空间观引发了对虚拟现实和交互体验的赛博空间的探索。在信息化背景下的环境设计中，对既有赛博空间观念下交互式交流方法的参与进行探讨，使得空间体验与参与者能够通过例如博物馆内的交互屏幕浏览罗浮宫的稀世名画；可以在服装专卖店通过虚拟影像镜像系统轻松穿戴各种商品；甚至能够在原本作为环境设计室内空间结构界面的顶面及墙面上，应用新媒体影像的互动方式，开启作为居住空间、办公空间、商业娱乐空间中人机交互的动态界面。这些发展将变革我们的学习方式、工作方式、娱乐方式等在欧几里得几何空间中的线性生活方式。

交互设计在环境设计中的参与与应用，为虽然同为设计却与传统设计行业中区分为建筑设计、工业设计、平面设计等泾渭分明的设计门类有着明显的不同。正如原广州美术学院工业设计学院院长童慧明教授所言，交互设计根植于服务经济，在理念上将信息设计、界面设计等以数字技术为平台的设计融为一体，把动态交互行为作为设计目标，把创新的人机交互过程作为着力点，把提升交互体验的满意度作为评价设计优劣的标准。设计将由提供空泛的物质使用和单一的视觉愉悦向创新人机交互关系、全面营造感官品质的新境界转型。而这种新境界的转型，正是以新型数字影像的虚拟现实性带来的即时交互性的新特征为契机的。

交互性设计在环境设计中的参与主要体现在人与构成室内外环境空间的人工物之间双向实时的信息交流，它是当代计算机技术下程序运行与网络环境下产生的基于可计算信息的沉浸式交互环境的结果。具体地说，环境设计中的交互性参与就是采用以计算机技术模拟的视觉、听觉、触觉一体化的特定范围的环境与体验者之间进行交互作用、相互影响，从而产生不同于物质化环境设计中空间提供真实环境的感受和体验，而呈现出一种非物质化的空间感受。例如2012年上海世博会建筑师托马斯·希斯维克（Thomas

Heatherwick）设计的英国馆内部室内空间，整个建筑装有60000条向各个方向伸展的丙烯酸“头发”，每根“头发”的顶端都有一个细小的光源。在内部空间中，所有的“头发”都在轻微摇动，儿童在成人的带领下可以近距离地去抚摸、接触这些像生命有机体一样的触点，而这些触点也会因为人的交互参与而形成表面不断变幻的光泽和色彩（图2-11）。这种全新的环境空间

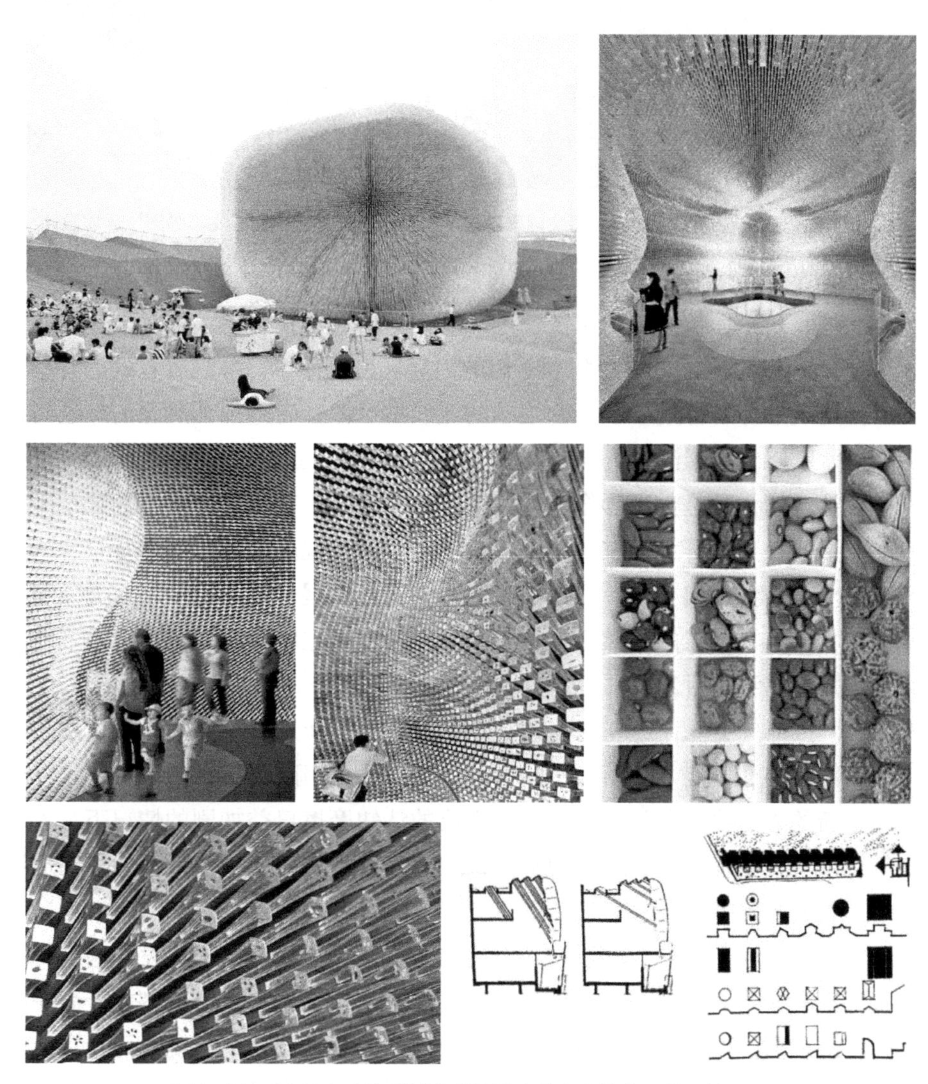

图2-11　2012年上海世博会英国国家馆室内的交互性环境设计

图2-12　2012年上海世博会阿联酋国家馆室内营造的交互性“生态绿洲”环境设计

体验是以往传统概念下的室内环境设计所无法企及的。再举一个实例，在同为2012年上海世博会阿联酋馆的内部环境设计中，参观者看到的并不是如同建筑形体一样的以沙丘为主题的流线型形体，而是郁郁葱葱的绿色树林和流水叮咚的潺潺溪流，周围是盛开的魅力花境，鱼儿在水底自由潜游……当然，这一切，都是数码影像营建出的虚拟环境。人在其中的参与随着布满空间的以液晶显示屏为表皮的立方体盒子上不断显现的动态画面与背景音乐结合在一起，营造出一个以“生态绿洲”为主题的展示空间，并将人类如何与环境并存、与恶劣的自然环境竞争的可持续发展主题通过人与环境的互动烘托得淋漓尽致（图2-12）。

但是交互设计在任何人工物的设计和制作过程中都是不可以避免的，区别只在于显意识和无意识。然而，在产品和用户体验日趋复杂、功能增多，新的人工物不断涌现，给用户造成的认知摩擦日益加剧的情况下，人们对交互设计的需求变得愈来愈显性，从而触发其作为单独的设计学科在理论和实践的呼声中变得愈发迫切。

作为中国当代环境设计发展的一个新特征，由于交互设计的研究者和实践者来自不同领域，在理论上交互设计这个领域的知识架构本身尚在创建初期阶段。而作为有着更多实践经验与理论背景支撑的环境设计，在认识到数字技术作为有史以来影响我们生活面最广、最容易产生互动的新科技，它将人们的思考方式从以前的线性思考改变为现今的网状思考的同时，应当更深刻地认识到作为环境设计空间的最终使用者，其本身也已经从一个参观者的角色转化为参与者和传播者，从而实现了增加环境设计深层意义的双方互动。从这一点来说，当代环境设计的实践就不能仅仅将交互设计作为一种时尚的、新奇的、哗众取宠的视觉、听觉多媒体语言等看似简单功能性的设计手法套用，粗暴地介入到环境空间的设计中去。我们可以从国内的许多设计案例中看到，虽然空间展示的形式发生了变化，加入了以数字化为体验的技术方式，然而，实际用户作为参与者在空间中体验到的还只是以往物质形态设计观下的视觉装饰形态语言的数字化翻版，根本没有体现出对数字化革命性影响当代生活观念与生活状态的思考深度（图2-13）。

虽然我们已从国外汲取了很多体系性的知识和理念，但如何将交互设计在环境设计中的参与，为人与人工物之间的界面和行为建立一种有机关系，从而来满足人对使用人工物的三个层次的需求（Usefulness，Usability and

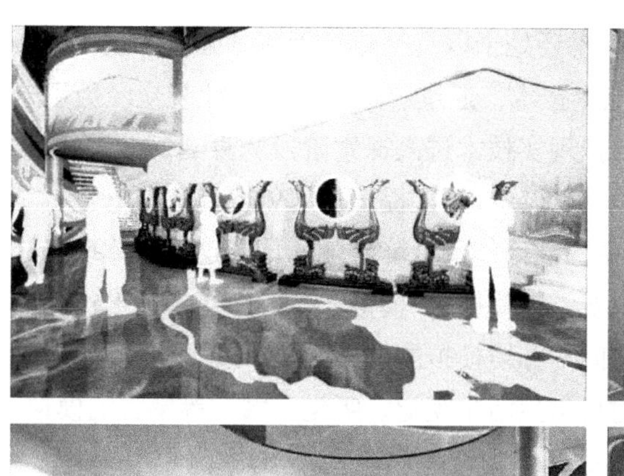

图2-13　上海世博会湖北馆室内展示设计中视觉装饰形态语言的数字化翻版

Emotionality）的设计目的，还需要在摆脱传统观念、形式束缚的同时，开创属于具有自己学科特征的发展模式。

第四节 虚拟现实对环境设计的影响

数字化时代的到来，彻底置换了人们原有的观看事物及由此产生的空间感受的主体经验。文艺复兴时期透视法的发明可以看作是人类视界及经验模式的根本性革命，然而静态的表现方式与透视的科学性限制下的表达空间狭隘，都不能像电子传媒、虚拟现实与赛博空间那样在数字化文化时代将鲍德里亚式的“拟像与仿真”论以当代的艺术与设计形式体现出来。在21世纪到来后，随着电子传媒技术的发展，人类已经将对环境空间的探索重点转向了对第三种世界（即虚拟空间）的探索。

早在20世纪50年代，电子技术还处于以真空电子管为基础的时候，美国的Morton Heilig就成功地利用电影技术，通过“轮廓体验”让观众经历了一次沿着麦哈顿的想象之旅——虚拟现实技术进入探索阶段。直到20世纪80年代初，美国VRL公司的创始人Jaron Lanier正式提出了“Virtual Reality”——“虚拟现实”一词。虚拟现实在中国被译作“灵境”“幻真”，这充分体现了其利用近年来出现的高新技术（主要是计算机），模拟产生一个虚拟三维空间的特征。作为一种本质是对现实空间与环境模拟的人工环境，和现实空间一样，需要提供给使用者一种熟悉的对日常生活中视觉、听觉、触觉等感官的模拟，从而产生一种身临其境的感觉。绘画作为一种早期人类对虚拟现实的模拟形式，主要是以艺术再现的二维图面来模拟三维的空间感受与体验。可以说，以中国古典绘画《清明上河图》为代表的长卷式绘画，正是早期在农耕文明科技不发达时期，对现实生活的一种描摹，并最终使观看者获得一种沉浸式的原始虚拟现实体验。《清明上河图》采用散点透视的构图法，在五米多长的画卷里，将繁杂的景物纳入统一而富于变化的图画中。图中通过二维绘画形式模拟出的城市环境空间，如城郭、市桥、屋庐、草树、马牛、驴驼、居者、行者，舟车等形态俱备，内容极为丰富，生动地记录了中国12世纪城市生活的面貌。然而，作为一幅静默的在二维空间里显现的平面图画，在信息时代计算机虚拟现实技术出现的背景下，其信息传达的局限性也是显而易见的。因此，在2010年上海世博会的中国国家馆的展示空间中，设计师就运用数字化虚拟现实的技术将《清明上河图》所描绘的北宋汴梁城的场景投影到100多米长的电子屏幕长卷上，并通过多媒体手法，使《清明上河图》中的500多个人物都动起来，让观众通过白天和晚上的不同场景，领略到一个鲜活的北宋汴梁生活场景。通过加入视觉、听觉、触觉等感官的模拟技术，让参观者在虚拟空间中穿梭航行，从而体验到超现实的赛博空间带来的身临其境的仿真感觉（图2-14）。

虚拟现实技术表现出的沉浸性（Immersion）、想象性（Imagination）、交互性（Interactivity）等特征对环境设计的当代理论与实践具有相当大的启示意义。当代设计已经步入数字化时代，电子技术和数字化媒体的兴起与普及带来的数字化技术的进步正在越来越多地影响着构成环境及其相关联设计的研究与发展，并将推动环境设计从研究方法、手段到表现形式等各方面的革新。虚拟现实作为建立在计算机图形学、人机接口技术、传感技术和人工智能等学科基础上的一门综合性极强的高新信息技术，在设计、艺术、娱乐等多个领域都得到了广泛的应用，而中国环境设计发展历程中虚拟现实从手绘表现到计算机辅助设计再到虚拟现实的三部阶梯式跨越，从本质来说，也一直都是与数字化社会影响下的设计内涵发展相同步的。三维计算机模型在建筑、环境、室内设计表现方面的运用已经让中国的设计师不再陌生，这种

图2-14 《清明上河图》静态与动态虚拟环境展示的对照

以“想象性”为特征的虚拟现实以随处可见的电脑渲染表现图和多媒体动画形式，早已在让人领略到数字化表现媒介魅力的同时，成为设计研究与设计实践中不可缺少的一个思维表达方式与推敲过程。这在很大程度上减少了方案设计前期对实体模型、纸质图纸等耗材的需求，同时使得修改设计方案与实时设计方案探讨成为一种低耗能的可持续研究方案流程，大幅减少了设计师的工作量与前期成本浪费（图2-15）。这就使得环境空间设计从概念分析开始，到空间表达，直至最终的数字化虚拟表现（电脑渲染图及多媒体动画虚拟现实）都将设计师与计算机虚拟现实技术紧紧地捆绑在一起。

而虚拟现实模型所表现的早已不仅仅是20世纪90年代初期那种由外观几何形状构成的视觉因素，更拓展到更为复杂的动态三维空间模拟出的例如光照条件、材料质感、声场音效、能源利用等方面。通过3ds Max到Revit在环境设计中的运用实例，我们可以清晰地看到环境设计从单纯形态美化的视觉审美化追求到探求设计本质的可持续设计技术与观念的演变过程。例如：通过对光线阴影运动的模拟，可以观察到一天内光环境的变化；场地音效的模拟可以探索不同方位的声音效果，从而发现和解决设计中出现的声响问题，也可以依此来调节房间内部空间的尺度；通过对建筑物内部及与其他建筑物之间的温度、湿度和气流变化状况的仿真，考量热传导和自然通风中能源效率的应用，从而指导设计中开放空间及房间比例的设计。这一系列更深层面的利用计算机虚拟现实仿真技术作为探讨设计科学性与技术性结合的手段，将使文艺复兴以来设计师一直使用二维工程图来表示和记录他们的设计并用

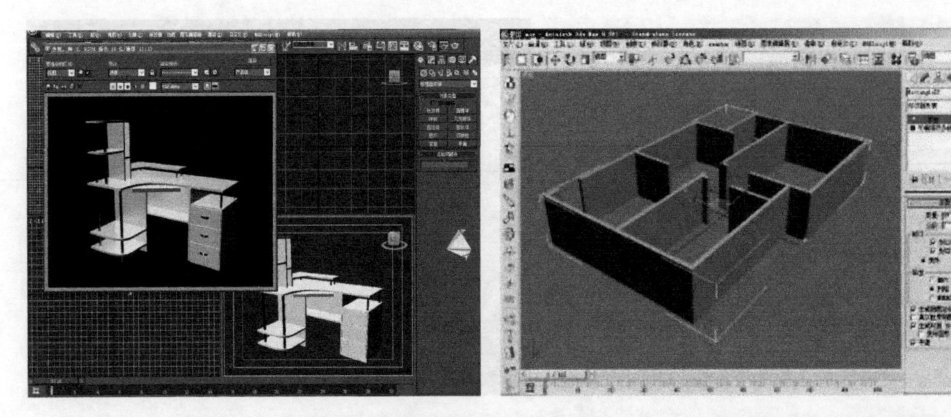

图2-15　3ds Max对环境设计中的仿真模型数字化虚拟减少了设计前期的投入，并提高了效率

实体模型来推敲他们的项目的设计流程与工作方法成为历史。虚拟现实技术打破了专业化和非专业化之间的沟通障碍，在可持续设计研究中可以方便地将可视化的数字化视觉界面作为量化设计是否节能、生态、可持续的标准，并使人机交流媒介成为可能，同时也为环境设计能从多学科、多专业交叉学习与信息的相互兼容带来了合作的可能性（图2-16）。沉浸性与交互性使用户通过计算机对复杂数据进行可视化操作以及感受实时交互的环境，从而感觉到好像完全置身于虚拟世界之中一样，这对环境设计中的用户参与过程的缺失，提供了很好的探索途径。与传统设计过程中的人机界面（如键盘、鼠标、图形窗口等）相比，沉浸性与交互性虚拟现实来源于对虚拟世界的多感知性，这包括使用者能够通过视觉、听觉、触觉、嗅觉、身体感知等现实客观世界中具有的感知功能与数字化的虚拟空间进行自然的交互，并像参与到真实的设计完成的空间中一样，去感知和观察环境设计空间的形态、色彩、光影、体积、声音等，从而反馈给环境设计者以直观的体验感觉，以达到对设计方案修改的真实有效的参考意见。在沉浸式虚拟现实仿真家具屋室内设计系统这个案例中，我们可以看到，直接将用户投入到虚拟的、经过设计师设计完成的三维室内设计空间中去，在这个虚拟的世界里，用户戴上立体眼镜能够自由地运动，与交互的环境融为一体，完全融入了立体虚拟的仿真房屋内。他们可以摸到桌子、椅子、窗户、餐桌、沙发，并可以及时、没有限制地观察三维空间内的事物。这种大型环幕投影系统或虚拟现实的CAVE投影系统让用户与虚拟环境进行互动并完全沉浸在一个非真实的世界里。这个先进的立体虚拟仿真系统能实现全环境立体场景，将对环境设计服务提供者及例如百

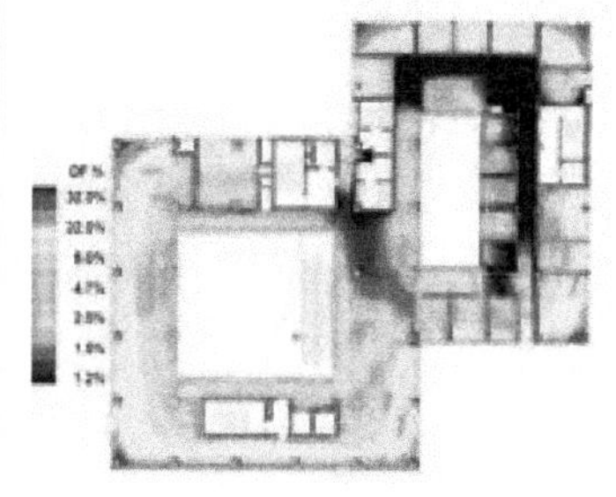

图2-16　Revit中的模型可以用来生产高质、逼真的效果图，
可用于可持续设计技术中采光分析和伪彩色量化

安居、宜家等家居空间供应商提供全新的用户体验，并能够应用于城市建筑与环艺创意设计专业的教学与科研中。这就使得样板间这一难以循环利用的设计产品展示手段，在可持续设计理念普及的时代逐步被替代。通过一套基于多通道视景同步技术和立体显示技术的虚拟展示环境，所有参与者均可参与并完全沉浸在被立体投影画面包围的虚拟现实环境中。借助数据手套、力反馈装置、位置跟踪器等虚拟现实交互设备，参与者可获得一种身临其境的高分辨率三维立体视听影像和六自由度交互感受。这无论在技术上还是思想上都使中国环境设计学科的发展发生了真正意义上的质的飞跃（图2-17 ~图2-20）。

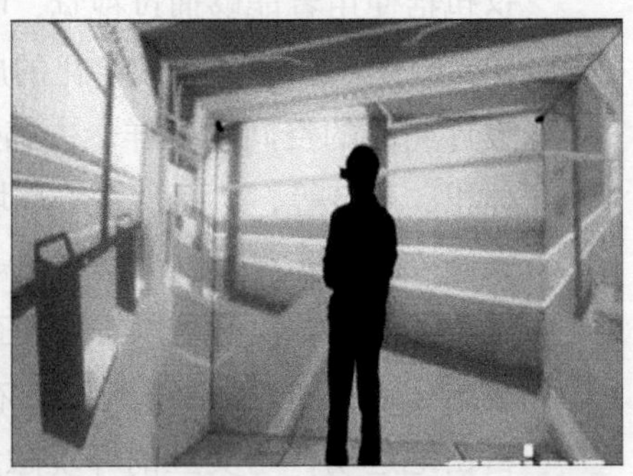

图2-17　沉浸式虚拟现实仿真家具屋室内设计系统直接将用户投入到虚拟三维室内设计空间中

图2-18 《跑啊跑》：视频播放的速度由跑步者控制

图2-19　可以进行全方位运动的虚拟实境Virtu Sphere

图2-20　结合动作捕捉与快速原型三维打印技术设计家具

数字美学的崛起使得电子信息时代将曾经分道扬镳的艺术与技术又一次重新融为一体（图2-21、图2-22）。当虚拟世界的矩阵成为新时代设计的主角后，数字化时代的新技术为环境设计带来了诸多新的可能，而虚拟现实作为计算机生成的一种特殊环境，也使得今天的环境设计师比以往任何时候都更依赖技术并将设计的更多精力与重点置入到这个虚拟的环境中。然而，不可否认的是，过度依赖“虚拟化”使设计可能会陷入一种“数字化工具主义”的误区，从而过分地关注数字形式表现本身而忽略了以生态、资源、环境不平衡为代价的物质属性缺失，从而产生对可持续设计中技术、建构、文化等相互关联的人与真实自然环境的综合性系统思考的真空。作为一种对数字空间时代的文化反思，环境设计的本质任务还应当是以建立人类栖居的最优环境与空间形式为要义的。

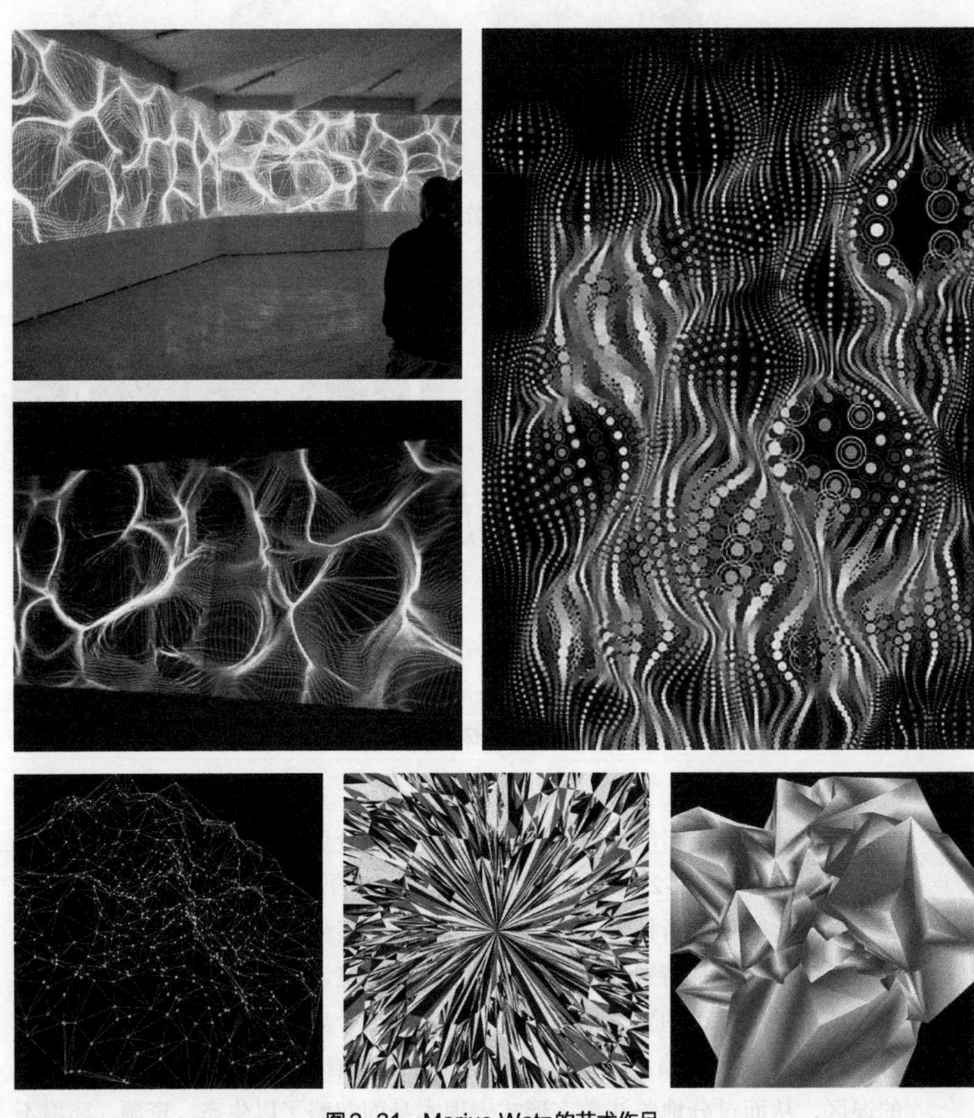

图2-21 Marius Watz的艺术作品

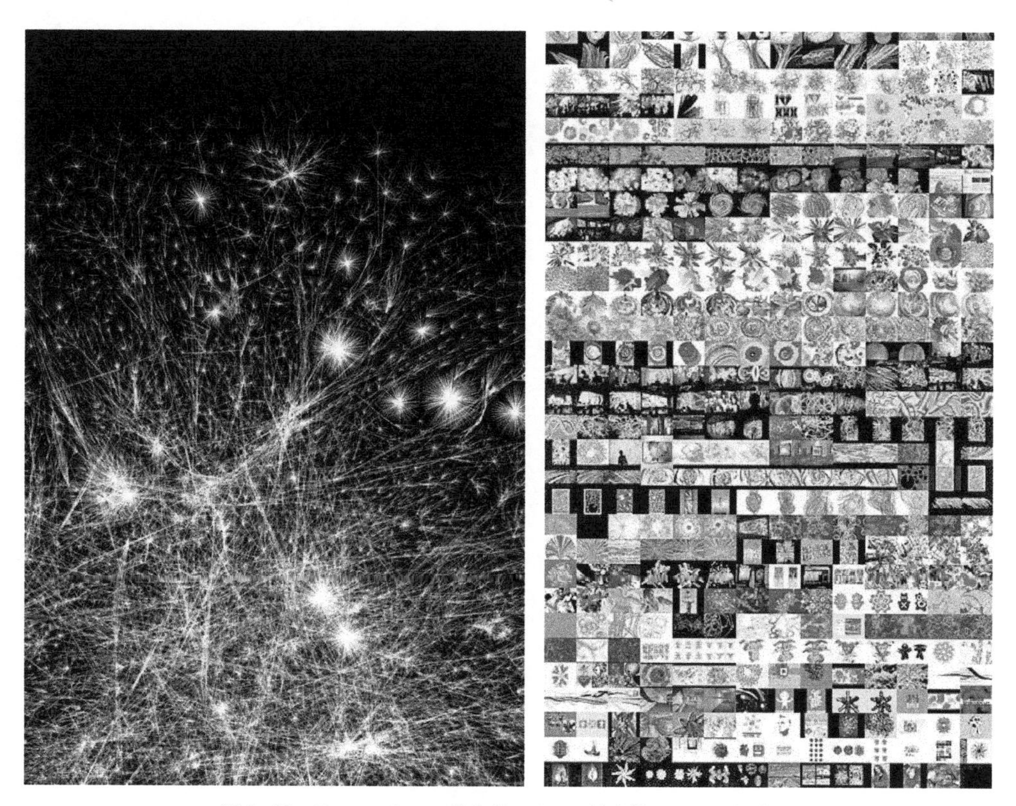

图2-22 Barrett Lyon的作品：Opte创建的Internet拓扑图

第三章

智能家居：设计作为系统的理念

随着人类社会科技与经济的快速发展，艺术设计成为下一阶段社会、经济、文化进一步发展的有力推动因素。基于智能环境时尚趋势的数字化研究正是在信息化、数字化时代思考传统艺术设计、环境设计、室内设计等学科的发展与创新，并坚持为北京、深圳、上海等地发展成为“文化创意产业之都”“时尚之都”和“设计之都”的需要服务，结合数字化研究方法，推进新家居与室内搭配经验设计在新生活方式、新娱乐体验等相关领域中的前瞻性应用（图3-1）。

图3-1　智能家居设计是一种系统理念的设计

第一节
智能环境时尚趋势的发展历程及流行趋势

设计是连接精神文明与物质文明的桥梁，人类寄希望于通过设计来改造世界，改善环境，从而提高人类生存的生活质量。工艺美术运动及工业革命以后的现代主义设计发展，使得智能环境成为一个逐步融合了建筑设计、室内设计、纺织品设计、产品设计、工业设计、色彩设计、配饰陈设设计等多学科组成的设计类别。现代智能环境可以大致归纳为以下集合趋势。

1. 回归自然化

随着环境保护意识的提高，人们向往自然，喝天然饮料，用自然材料，渴望住在天然绿色的环境中。北欧的斯堪的纳维亚设计流派由此兴起，对世界各国影响很大。该设计流派在住宅中创造田园的舒适气氛，强调自然的色彩和天然材料的应用，采用许多民间艺术手法和风格。在此基础上设计师们不断在“回归自然”方面下功夫，创造新的肌理效果，运用具象的和抽象的设计手法来使人们联想到自然，感受大自然的温馨，令人身心舒适（图3-2）。

图3-2　回归自然化设计

2. 整体艺术化

随着社会物质财富的丰富，人们要求从“物的堆积”中解放出来，希望各种物件之间存在统一整体之美。正如法国启蒙思想家狄德罗所说：“美与关系俱生、俱长、俱灭。”室内环境设计是整体艺术，它应是空间、形体、色彩和虚实关系的把握，意境创造的把握以及与周围环境关系的协调，许多成功的室内设计实例都是艺术上强调整体统一的作品（图3-3）。

图3-3　整体艺术化设计

3.高度民族化

只强调高度现代化的结果是，人们虽然提高了生活质量，却又感到失去了传统，失去了过去。因此，室内设计的发展趋势就是既讲现代，又讲传统。日本许多新的环境设计人员致力于高度现代化与高度民族化相结合的设计体现。2018年落成的东京雅叙园饭店及办公大楼的室内设计，传统风格浓重而又新颖，设备、材质、工艺高度现代化，室内空间处理及装饰细部引人入胜，使大家印象深刻、备受启发。日本各地的大小餐厅、茶室及商店室内设计，均注意风格特色的体现。特别是日式餐厅，从建筑、室内装饰到食器均进行了配套设计。人们即使在很小的餐馆用餐，也同样能够感受到设计者的精心安排。因此，处处环境美，处处有设计，给每一个顾客、游客留下了深刻的印象（图3-4）。

图3-4　高度民族化设计

4.个性化

大工业化生产给社会留下了千篇一律的同一化问题：相同的楼房、相同的房间。相同的室内设备。为了打破同一化，人们追求个性化。一种设计手法是把自然引进室内，室内外通透或连成一片；另一种设计手法是打破水泥方盒子、斜面、斜线或曲线装饰，以此来打破水平垂直线求得变化。还可以利用色彩、图画、图案以及玻璃镜面的反射来扩展空间等，打破千人一面的冷漠感，通过精心设计，给每个家庭居室以个性化的特征（图3-5）。

图3-5　个性化设计

第二节 智能环境在信息时代的数字化转变

结合智能环境在信息时代第三次产业革命到来后的数字化转变及呈现出的设计潮流，思考未来设计的流行趋势，对智能环境行业及学科而言，这不仅仅是一种形式的设计、色彩的推敲。除注重色彩、形式、与技术的因素外，设计还应该是艺术、科学与生活的整体结合，是功能、形式与技术的总体性协调，是对物质条件的塑造与精神品质的追求，以创造人性化生活环境为最高理想与最终目标。因为室内设计的实质目标不只是以服务个别对象或发挥设计的功能为满足，其积极的意义在于掌握时代的特征、地域的特点和技术的可行，在深入了解历史财富、地方资源和环境特征后，塑造出一个合乎潮流又具有高层文化品质和生态科技含量的生活环境。

未来的室内设计将更注重绿色、生态和可持续发展。设计师将利用科学技术和设计新元素，将艺术、人文、自然进行适性整合，创造出具有较高文化内涵、合乎人性的生活空间。具体来讲，小环境的创造包括提供给生活和工作在其中的人们以健康宜人的温度、湿度、清洁的空气、好的水环境和声环境，以及灵活开敞的室内空间等，将设计元素和业主对于家居文化更高层面的追求有机结合。

1.高度现代化

随着科学技术的发展，在室内设计中需要采用现代科技手段，使设计达到最佳声光、色形的匹配效果，实现高速度、高效率、高功能，创造出理想的值得人们赞叹的空间环境（图3-6）。

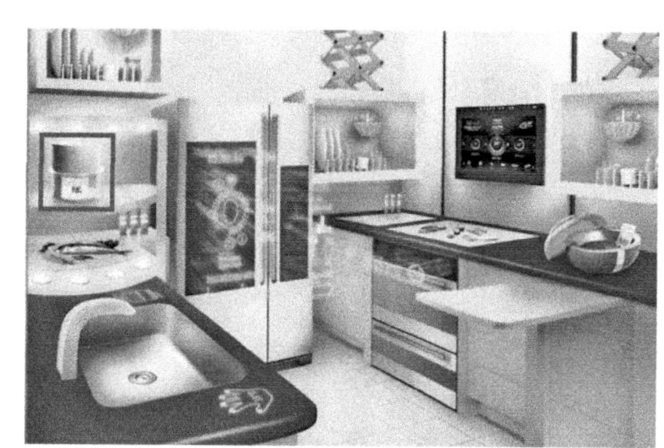

图3-6　高度现代化设计

2. 环境服务方便化

城市人口集中，为了高效、方便，一些发达国家十分重视发展现代家居环境服务措施。日本采用高科技成果发展自动服务设施，自动智能家居设备越来越多，系统中电脑问询解答、向导系统的使用、自动开启、关闭进出站口通道等设施，给人们带来了高效率和方便，从而使室内设计更强调个人主体，以消费者满意、方便为目的（图3-7）。

图3-7　环境服务方便化设计

3. 高技术高情感化

国际上工业先进国家的室内设计正在向高技术、高情感方向发展。高技术与高情感相结合，既重视科技，又强调人情味，在艺术风格上追求频繁变化，新手法、新理论层出不穷，呈现五彩缤纷、不断探索创新的局面（图3-8）。

图3-8　高技术高情感化设计

第三节
智能环境的技术基础：环境物联网源起及应用

物联网（Internet of Things，IOT），就是物与物相连的互联网络。近年来在迅猛发展的众多信息技术中，物联网技术是一个重要的组成部分。物联网仍然是以互联网络技术作为基础，并在传统网络通信技术的基础上又进行了延伸和扩展，使得物联网的用户端不再仅仅局限于人，还包含了一切物品与物品之间进行的信息交换和通信。现今的物联网技术通过传感器的感知、智能识别等通信感知技术，已经广泛应用于网络中物与物的通信融合中。

1.物联网应用中的几项关键技术

（1）传感器技术。传感器是一种电子检测装置，传感器将被测量的环境信息依照一定的规律转换为可以量化并可以在网络中传输的电信号，进而被电子设备识别、处理、存储与传送。目前传感器技术几乎可以采集各类人们生活、生产中所需要的环境信息。常用的传感器有温度传感器、湿度传感器、可挥发性气体传感器、光照传感器、粉尘传感器等。在物联网技术中，传感器技术为其提供了可靠的数据采集能力。

（2）嵌入式系统。嵌入式系统是以计算机软硬件技术为基础，具有数据采集、存储、计算以及输出能力的设备。嵌入式设备包含电子硬件与处理软件甚至是操作系统，它可以通过传感器获取数据，并完成数据的存储、处理与输出的任务。嵌入式系统使得物联网络具有了决策能力，是物联网的重要组成部分。

（3）通信技术。物联网的核心就是物与物的互联，除了传统的计算机互联网络，射频（Radio Frequency，RF）通信、蓝牙（BlueTooth）通信、Zigbee通信、LoRa（Long Range）通信、窄带物联网（Narrow Band Internet of Things，NB-IOT）等诸多无线通信技术也被广泛应用到物联网应用当中，使得物联网在各种空间尺度、应用环境下都具有可信任的数据传输能力。

2.物联网技术已被广泛应用的领域

（1）物联网传感器产品在安全防护系统中得到应用。在安全防护系统中，通过在防控区域安装各类型的红外传感器、振动光纤、张力围栏等物联网设备，可以实现防控区域的地面、围墙和低空区域的全覆盖，用以防止人员的翻越、潜入。同时，接入图像识别、生物识别、非接触刷卡设备的门禁系统，可以实现指定区域的授权用户进入。系统物联设备联动支持语音互联的云端摄像头可以实现远程监看以及实时对讲，甚至可以实现门禁系统远程授权访客进入。接入危险气体感应、区域温度感应、烟雾感应的报警系统可以实现火灾预警、报警以及与门禁、电梯、通风等系统的联动。

（2）物联网实现环境自动化控制。在环境管理系统中接入照度检测、人员检测、定时器的照明管理系统，可以自动控制环境照明的启停，在达到照明预期效果的情况下减少不必要的能源消耗。与粉尘检测、温湿度检测物联设备关联的新风、空气调节系统可以使环境保持一致的舒适性。

（3）与大数据以及云计算的结合。大数据与云计算是人工智能技术的重要组成部分。大数据为人工智能提供学习样本，云计算则为人工智能提供不断修正以及提升决策准确性的能力。在现代智能家居的设计过程中，物联网设备与大数据、云计算技术相结合，实现家居各类电器设备的联动控制，通过不断学习分析用户的生活习惯，精准地为用户提供个性化的、舒适的生活工作空间。在实现农业作物种植的领域，物联网设备与大数据、云计算平台结合，根据不同种植作物的生长环境需求以及实时监测的作物生长数据，联动物联网设备及时调整作物种植环境，极大降低了农业生产过程中的人工成本，减少了人工种植决策失误导致的产量降低。因此，大数据和云计算相结合，为物联网络提供了超越以往的智慧能力。

（4）与移动互联结合创建智能家居应用。物联网的应用在与移动终端互联相结合后，使得智能家居的物联网设备应用更加生活化。通过移动终端可以控制接入物联网络的各种电器设备，使得终端用户可以轻松地掌控物联设备的网络远程控制、遥控器控制、触摸控制、自动报警和自动定时等诸多功能，使得智能家居系统更加容易扩展和维护，界面设计与拓展也更加灵活。

（5）物联网与产品生产、物流结合。21世纪初期，我国就已开始将无线射频识别技术（RFID）运用于现代化的动物养殖加工领域，开发出了实时生产监控管理系统。该系统能够实时监控生产的全过程，自动、实时、准确地采集生产各环节相关数据，实现了产品质量安全的追踪、追溯，实现了物流库房的批量盘点、入库、出库管理，降低了人工成本与时间成本。如今，大型的物流集散中心、货运港口应用了物联网络控制的智能化系统，实现了货物分拣的智能化控制，利用接入物联网络的机器人在降低人力、时间成本提高工作效率的同时，也大幅提升了工作、生产环节的安全性。

3.环境物联网系统的组成

环境物联网系统是一种具有环境参数感知与调控功能的综合调控系统。通过对限定环境区域的空气、水体、土壤、光照、风、噪声等环境要素的实时感知，以环境大数据为基础，依托云计算技术，综合分析采集到的环境数据，深度挖掘数据所反映的环境变化信息，使用户可以随时把握环境变化趋势，为生产、生活提供环境信息数据，甚至在较封闭的环境下可以实时联动环境调控设备进行环境状态调整。

环境物联网系统主要由感知设备搭建的环境感知网络、环境大数据平台、环境信息管理与决策平台三部分组成。环境数据的感知与采集是整个系统运作的基础，而输出的环境相关数据是环境物联网的目标。

（1）环境感知网络。环境感知网络是由空气、水体、土壤、光照、风、噪音等独立的环境感知传感器设备搭建的物联网络，可以实现小到家庭居所，大到城市、地区的各类环境要素实时定位的采集，能够真实反映指定区域内环境的瞬间状态，为大数据平台提供了可靠的数据来源。

（2）环境大数据平台。通过环境感知网络采集的各类环境数据实时传送到环境大数据平台，对复杂的环境监测数据按照设计的数据结构进行分类储存以及预处理，为后续的数据分析工作提供可靠的数据基础。

（3）环境信息管理与决策支持平台。针对不同用户对环境管控的预期目标，可以设计相对应的数据模型与算法。通过云计算平台对环境大数据进行综合分析与评价，进而提供例如环境变化趋势分析、环境现状告知、预警等功能，从而形成一种可以高效反映环境数据的管理机制，辅助用户及时为环境调控做出决策。

4.环境物联网根据监测需求的分类

环境物联网面向不同的环境监测需求大致可以分为大气环境、土壤环境、水环境、声环境、气候环境等不同系统。

（1）大气环境物联网络。大气环境物联网络，在目标区域内的指定点位安装大气环境感知设备，监测大气中粉尘浓度、特定气体浓度等多项指标，记录区域大气环境变化信息，提供实时数据告知与报警功能，可以为区域的大气质量管理、污染治理、通风等工作提供数据支持。

（2）土壤环境物联网络。土壤环境物联网络，在目标区域的土壤埋设传感器，监测土壤的温度、湿度、酸碱度、有机物浓度等多项指标，为植物种植的灌溉、施肥以及区域的降尘抑沙工作提供数据支持。

（3）水环境物联网络。水环境物联网络，在目标区域的水体环境关键位置安装水文传感设备，监测水体的水位、流速、流量、压力、温度、酸碱度等各项指标，为水体水质管理、管网优化等工作提供数据支持。

（4）声环境物联网络。声环境物联网络，在目标区域安装声音监测设备，监测噪声等级、主要频率等参数，为分析噪声种类、来源以及进一步的区域噪声管理、隔声设施建设提供数据支持。

（5）气候环境物联网络。气候环境物联网络针对目标区域的气候环境，在特定位置安装气候感知设备，监测风速、风向、气压、温湿度、光照（时长、强度等）等各项参数，为局部的气候环境分析、调控提供数据支持。

5.环境物联网的应用范围

环境物联网络应用范围可以大到地区、城市的长期环境调研与管控；也可以具体应用到园区、社区这样的局部环境管理；也可以应用于楼宇办公、家居环境的实时调控；甚至可以应用于小到室内景观微环境的模拟。

（1）地区、城市的环境物联网系统。地区、城市的环境物联系统是一种具有环境感知与管理功能的综合系统。通过各类传感器、摄像头等前端采集设备，在地区、城市范围内设置包含生态环境监测、水质监测、大气监测、噪声监测、降水监测、土壤监测、电磁辐射监测、排污监控、森林植被防护在内的监测节点，将监测数据实时上传至大数据平台，经由云计算平台进行分析处理，实时监控环境参数。使得环境管控、污染治理、防灾减灾等诸多工作得到更加科学的数据支持，反应速度变得更加高效。

（2）园区、社区的环境物联网系统。在全社会节能减排的大趋势下，园区、社区在特定节点安装照度、生物感知、温度、湿度、粉尘浓度等传感器设备，实时将采集的数据通过网络汇集到控制中心，按预制规则为照明、喷灌、局部气候调节等系统提供更加及时灵活的管理，进而降低管理成本以及不必要的能源消耗。在种植园区的管理中，物联网络更可以实现对农业的精确化管理。例如气候、土壤、水文等传感器网络可以为管理者提供详细、实时、实用的农场信息，使得作物生长得到实时监护。

（3）室内环境物联网系统。室内环境物联网系统是以办公、家居环境为应用场景的服务系统。该系统实时监控室内环境中的氧气浓度、二氧化碳浓度、挥发气体浓度、粉尘浓度以及温湿度的变化。传感器的监测数据通过有线或无线方式上传到环境物联网平台，平台对数据进行分析，进而实现对室内环境的调节。室内环境物联网系统可对楼宇、办公室、家居等室内环境进行数字化管理，除了能更加及时有效地为室内人员提供更加舒适的活动空间，也为室内环境调控节省了人力、物力等经济成本。

第四节 智能家居环境设计的数字化趋势

随着艺术设计专业的高速发展，该专业现阶段正面临设计研究方法的转型与探索。人类社会已经步入数字化的时代，电子技术和数字化媒体的兴起与普及影响着人类社会的方方面面。而20世纪末数字化技术的发展和成就构成了环境设计存在的重要背景，推动了其在智能环境、室内搭配等各方面的发展。

随着互联网络技术、移动通信技术、物联网技术的发展及产品终端的普及，智能家居环境设计显现出以下趋势。

① 感知方式更加智能。近年来，传感器技术在测量精度及小型化方向上的发展，使智能家居设备的感知能力得以快速提升，互联网络云技术的应用，更使得诸如语音或图像模式识别这样的技术在实际应用中的用户体验得到质的飞跃。

② 业务融合更加普及。智能移动终端的普及，使得智能家居应用可以更方便地借助移动终端处理事务，且可以通过电信运营网络组建更大的智能社区，融合各个子网的应用，提升客户的应用体验。

③ 终端更加集约。智能家居设备向体积小型化、功耗节能化、安装便捷化发展，因此智能设备从安装、使用、维护等环节摆脱了必须依靠专业公司

的局面，为智能家居设备进入普通家庭奠定了基础。

④ 终端通讯方式更加多样。电力载波、互联网络、移动网络以及其他网络通信技术在智能家居设备中的普及，不但降低了安装施工的成本，满足了人们对于智能家居“无处不在”的灵活性要求，由此发展而来的物联网络技术、云技术使得智能家居从单一的“控制”逐步走向“管理”，智能家居也由此变得更加名副其实（图3-9）。

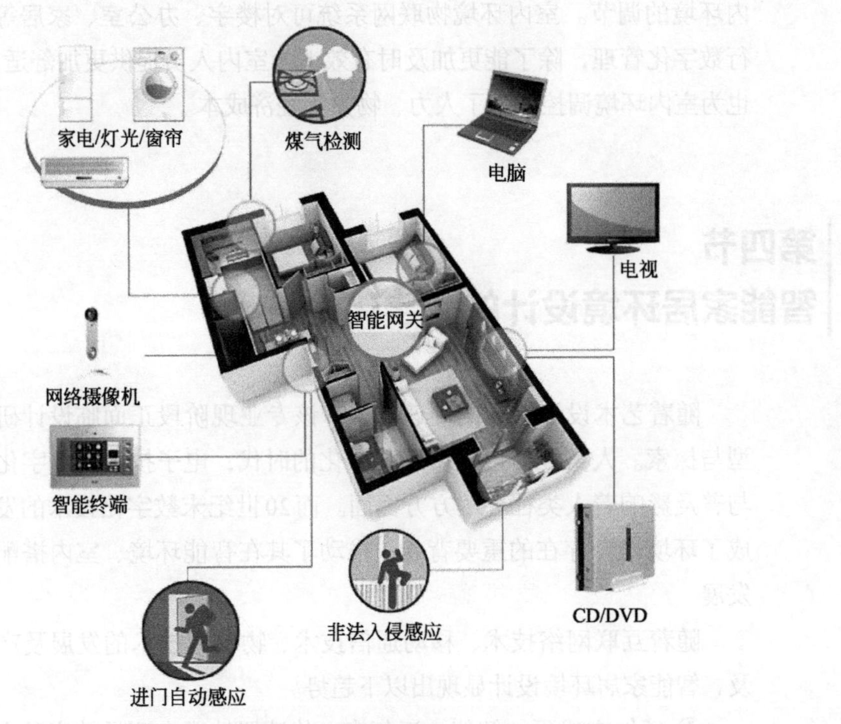

图3-9 智能家居系统

1. 电视将广泛成为智能家居控制系统的显示终端

电视毫无疑问是家庭中最大的信息显示终端，也是各家庭中每天离不开的显示终端。电视作为智能家居的控制显示终端是再好不过的选择，无需花费高昂的投资购买嵌墙屏幕，无需购买平板电脑，用家里已有的电视可以省去大笔终端投资，老人小孩也无需学习平板电脑的使用方法即可通过电视使用智能家居系统。

自从美国的Control4第一个把电视作为显示终端解决方案后，电视从传统的被动观看设备，变成可以互动、可以控制的终端。

这一趋势目前被广大的智能家居研发者和媒体所关注并看好。美国多个智能家居供应商都开始将电视尤其是智能电视与智能家居系统融合（图3-10）。苹果和谷歌也在加紧布局未来智能家居控制电视。

图3-10　康宁公司短片《未来的一天》中的智能家居场景

2.无线解决方案成为家庭最优解决方案

经过近几年市场的洗礼，如今已经有了明确的答案：综合布线最好的应用领域是大型楼宇，而别墅公寓等最佳的方案是无线解决方案。市场的成功应用让无线智能家居方案不稳定的谣言不攻自破。在家庭应用领域，无线以势不可挡之势迅速成为主流。

这其中尤其以Zigbee为代表的先进的无线方案发展最为迅猛，该技术以稳定、低功耗、低辐射、可延伸、安全等优良性能，成为目前最适合家庭的无线解决方案，自Control4成功引入应用后，多家智能家居研发者经历了从怀疑、排斥到接受、欢迎的转变，国内出现了像中讯威易、波创、TCL等多家推出Zigbee智能家居的厂家，最近海尔等大厂也推出Zigbee设备，还有更多的供应商也即将加入这一阵营。

3.中央控制主机由网关路由等简单中控步入服务器时代

之前的很长一段时间内，市场上大多数的智能家居系统只能叫自动化家居系统，如同手机经历了传统手机到智能手机一样，智能家居系统也经历了由简单功能固化至网关路由器到带有操作系统和应用软件的服务器的转变（图3-11）。

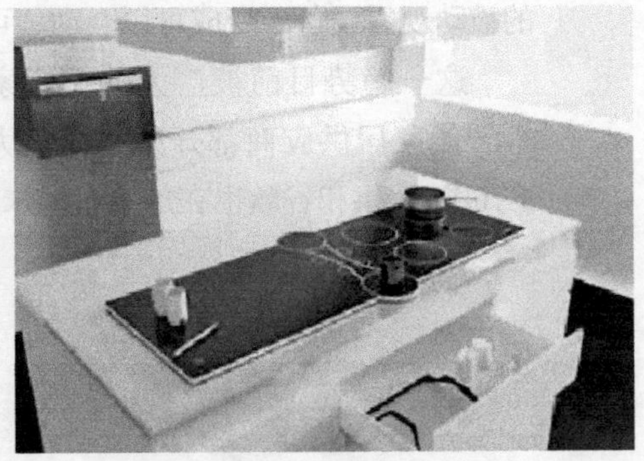

图3-11 服务器时代的来临

市场上少数先进的智能家居系统都有了类似电脑和智能手机一样的中央控制服务器。不同于传统网关只能处理输入和输出信号，服务器式的主机自身带有CPU（中央处理器）和内存等，是一台真正意义上的计算机。它带有操作系统，能够分析计算复杂的数据，能够处理音频和视频、网络远程数据、安全数据等。

4.操作系统和软件将嵌入主机而非运行在终端

这一趋势同上面一点有很大的关联。目前由于很多智能家居系统本身没有数据处理能力，计算的任务交给了拿在手里或者嵌在墙上的终端，由于这些终端还有其他的计算任务，其稳定性就难以保证，加上终端计算完成的数据再回传给网关需要一个过程，错误和延时就很难避免。

未来的趋势是中央控制主机自身具备运算数据的能力，终端只负责提供初始信号，计算由主机来完成并分配给执行器去执行。

图3-12 综合监控的安防系统

5.系统安全管理被高度重视

智能家居的一大卖点就是为客户提供安全的居住环境，其所集成的安防系统能够综合监控家里的一切，给客户提供了极大的便利（图3-12）。

但是智能家居系统的自身安全之前一直被广大智能家居供应商所忽视，正如电脑和智能手机会遭到病毒恶意攻击一样，智能家居由于在之前的发展中没有注意安全性，因此正逐步成为黑客攻击的新对象。目前很多智能家居系统的设置方式是通过路由器登录到系统主机的设置界面，这简直是对黑客大开门户。稍微懂一些电脑的人就可以用市场上常见的卡皇破解无线密码后再破解智能家居主机密码，然后就可以随时开关别人家的灯光窗帘，半夜打开别人家的音箱，甚至远程录下别人家摄像机里的画面，关闭别人家的安防系统，打开别人家的大门。多么可怕!

这一方面目前做得较好的有美国的Control4。想要进入Control4的主机必须用Control4官方提供的专用登录工具Composer。全球使用Composer的工程师都必须经过注册和认证，工程师远程连接任何主机做任何处理，美国的服务器都有记录，以确保安全，其他任何方法都无法登录Control4的主机。远程控制的命令和视频也是通过其官方的网站进行，以保证安全和受控。

6.各种操作系统终端的应用将取代现在的浏览器访问方式

以往很多智能家居系统要通过手持设备的浏览器登录到界面才能控制，此过程相当不安全，也十分繁杂，违背了智能家居系统简单易用的本性。

不过这一情况将有所改善，很多智能家居系统供应商寻找优秀的软件工程师为他们编写了基于苹果IOS系统和谷歌安卓系统的应用，虽说使用体验没有达到优秀的程度，不过随着各家企业的重视，应用程序取代浏览器控制将是21世纪全面普及的趋势。

7.系统的开放性和升级能力被客户广泛关注

系统的开放性和升级能力日渐被广大客户所关注。能不能通过接入更多的设备实现自己想要的功能，能不能与市场上每个产品兼容，即将出现的电子产品能不能被智能家居系统识别，是客户经常问的问题。另外，所有的客户都不希望代价不菲的智能家居系统像手机一样每年换一套。

所以系统的开放性和升级能力成为近年来所有供应商的一个关注点。让自家的智能家居系统拥有大品牌智能家居系统一样整合成千上万产品的整合能力，需要的一定是实力。升级能力对于通过综合布线实现的总线制系统来说是一大难题，无线解决方案在升级能力上有先天优势，可以在不破坏装修的前提下直接加上相应的设备，轻松实现扩展功能。此外，像Control4一样的系统软件远程自动升级也是未来的一大趋势，无需客户和经销商管理，系统和设备能自行升级最新的功能。

8.系统崩溃后的使用便捷性被纳入设计中

应该关注的一个问题是，万一我们的智能家居系统坏了怎么办？很多综合布线的解决方案由于将所有电灯的强电线布到综合电箱中通过继电器控制，开关面板实际控制的是控制继电器的弱电线。一旦继电器瘫痪或者线路出现问题，灯光就无法打开，客户只能摸黑度过一整夜或者拿着手电筒到电器间试试运气。

为了解决这一问题，新的方案不断出现，这种系统瘫痪造成的影响将被降到最低。比如目前市场上大多数智能家居系统的开关已经能够脱离主机独立运行，即使系统瘫痪，它们仍能作为普通的开关使用。

9.从传统灯光窗帘控制步入影音整合时代

网络的高速发展以及网络在线视频和家庭对影音的需求的快速提升，已经使智能家居系统由以前的灯光窗帘等传统控制步入影音控制时代（图3-13）。单一主机就能控制家中的电视、DVD、高清播放器、投影仪、背景音乐系统等，而无需增加其他任何设备。并且主机自身就带解码能力，可以直接将U盘中的文件解码输出到功放等设备中。

图3-13　智能家居系统由以前的灯光窗帘等传统控制步入影音控制时代

总之，新家居空间设计以需求为依托来发展，以人性化彰显空间价值，并以高品位的设计为业主实现空间价值。因此，古典、怀旧、现代等风格将周而复始地交替出现，单纯与烦琐、厚重与简洁将会以各种形式对比和共存，而数字化、智能化的智慧环境及智能环境将充分体现悠闲、舒适、健康、个性化，在未来一段时间内成为人们对居住环境的追求。对于设计师而言，“环境”是人的环境，“空间”是人的空间，“设计”也是永远为人服务的。

第五节 智能家居产业的应用及发展方向

智慧家居是指以互联网、物联网等信息技术为基础，通过感知化、互联化、智能化的方式，可以实现一家人相互感知、家居系统精准控制、家庭管理安全智能、生活环境绿色低碳的家居装备。智慧家居具有泛在、融合、低碳等特点，能够创造舒适化、安全化与智能化的居住环境，满足人们追求个性化、自动化、快节奏以及充满乐趣的生活方式，建立安全有效的安全保障体系，提供高效可靠的工作模式（图3-14）。

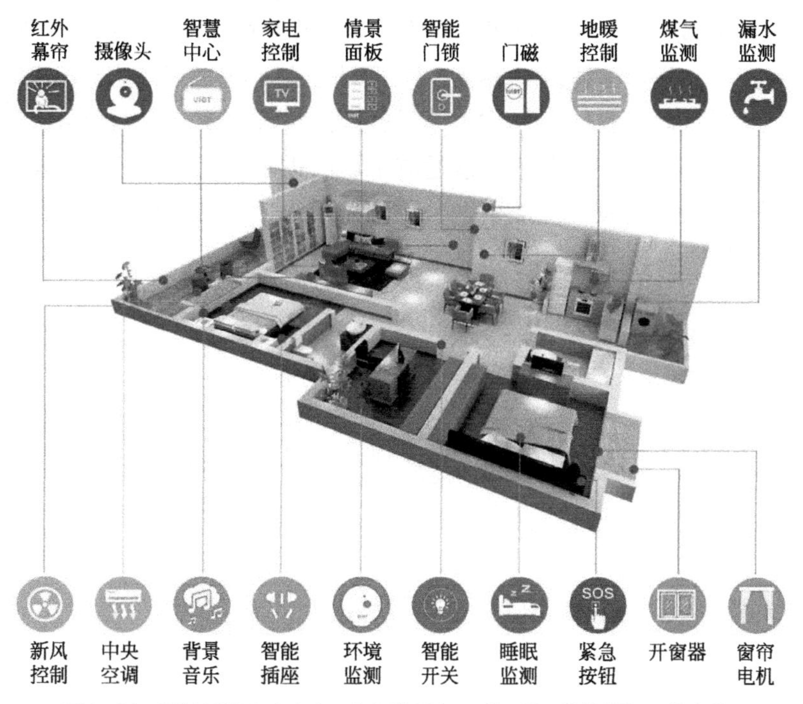

图3-14　通过智慧家庭中心，各智能设备互联互通，能够根据环境变化、用户设置，实现无需人工干预的智能自动运行

智慧家居相比智能家居，最大的特点在于将生活电气设备、多媒体和通信设备真正整合到一个用户友好的信息化、智能化的控制系统中，提供全屋智能解决方案，并能够通过传感及信息网络与屋主互动。智慧家居不仅仅拥有智能，更能够智慧地管理家居空间。因此，综合家庭生活、工作、教育、通信、安防等多个方面的产品与技术进行系统化、智慧化集成的智慧家居产业逐步形成。通过对家居产业链上的资源进行整合与规范，智慧家居产业能够提供感知化、网络化、智能化程度更高，协调性更好的智慧家居整体系统方案。

目前，物联网技术已逐步渗透并广泛应用于家庭生活，智慧家居也开始受到了人们的欢迎和认可，也由此带动了涉及研发设计、生产制造、销售及相关服务的智慧家居产业的快速发展。美国、加拿大、澳大利亚、英国、德国等经济比较发达的国家先后推出了各自的智慧家居方案，以促进智慧家居产业的快速发展。我国家居产业从上个世纪末发展至今已初具规模，在此基础之上发展智慧家居产业将具有一定的优势。

智慧家居主要包括家电、厨房、卫浴、安全监控、照明等多种产品，涉及很多领域，并且智慧家居技术体系会随着新技术发展而不断变化。所以，只有充分认识、了解其自身特点才能不断促进智慧家居产业的健康发展。首先，智慧家居产业具有创新性，受技术发展的影响较大，需要紧密结合现代信息技术，进行不断创新才能适应市场的需求；其次，智慧家居产业需要规范化，它涉及很多领域和门类，需要国家出台相关的发展规划和统一标准（图3-15）。

图3-15 协调性更好的智慧家居整体系统方案

智能家居是以住宅为平台，基于物联网技术，由硬件（智能家电、智能硬件、安防控制设备、家具等）、软件系统、云计算平台构成的一个家居生态圈，实现人远程控制设备、设备间互联互通、设备自我学习等功能，并通过收集、分析用户行为数据为用户提供个性化生活服务，使家居生活安全、舒适、节能、高效、便捷。

据近期相关产业咨询公司发布的《中国智能家居设备行业市场前瞻与投资策略规划报告》推测，未来几年我国智能家居将迎来爆发期，年增长率将保持在50%左右。该报告指出，智能家居在中国的迅速渗透主要得益于中国日益增长的家庭收入。根据经济学人智库的研究，到2030年，年收入突破3.5万美元的中国家庭将超过4000万户。在2020年前，中国有望成为亚洲最大的智能家居市场。

在中国，智能家居的发展时间已达十多年。从国内家电巨头及网络巨子纷纷试水智能家居市场以及许多国际大企业对国内智能家居厂家的并购案可以看出，中国智能家居市场潜藏着巨大商机。

智能家居技术并不是靠尖端技术堆积而成的产物，而是对网络技术、通信技术及自动化控制技术等的结合和应用。对技术、功能、操作、外观的过度追求只会适得其反，令产品不容易普及。毕竟功能复杂、操作困难的智能化产品会让用户觉得烦琐和有负担（图3-16）。

智能家居的未来发展会是什么样？简单来说，智能家居最终的目的是让智能家居系统更多按照主人的生活方式来服务主人，创造一个更舒适、更健

图3-16　智能家居是以住宅为平台，基于物联网技术构成的家居生态圈

康、更环保、更节能、更智慧的科技居住环境。具体从技术的角度来讲，未来的智能家居将朝以下几个方向发展。

① 未来5年，触摸控制将成为智能家居普及型的控制方式。通过一个智能触摸控制屏实现对家庭内部灯光、电器、窗帘、安防、监控、门禁等的智能控制。这是必备的。

② 智能手机将成为未来智能家居相对重要的移动式智能控制终端。通过手机的智能家居客户端软件或WEB方式，实现对家庭内部的远程监控与控制，包括对家里远程开锁、客人图像确认、远程开启空调以及暖器设备等。这将成为每个人必备的移动控制方式。

③ 无线与有线控制系统将会无缝结合。干线区域采用布线控制系统，小区域采用无线控制系统。这将是未来智能家居控制系统与技术的发展方向（图3-17）。

图3-17　智能家居的家居生态圈

目前智能家居产业的发展也存在一些亟待解决的问题。首先，数据通信的安全性有待提高。从整个智能家居产品的大环境来讲，投资者们需要更多的流量和数据来充实产品销售的报表，所以，智能家居产品被更多地冠以便捷、智能化的功能和体验，更多的是先向用户实现销售宣传，而安全作为事后发生的一种概率事件，被智能家居厂家投资者、管理者们忽略了。目前智能家居中存在的安全风险主要有以下4类。

① 数据传输未加密或简单加密，导致用户信息泄露。

② 客户端App未经安全检测，相关代码存在漏洞缺陷。

③ 硬件设备存在调试接口，使用有安全漏洞的操作系统或第三方库。

④ 远程控制命令缺乏加固授权，存在非法入侵、劫持应用的风险。

为了方便人们对智能家居的使用，让人们随时监控操作家中的智能化产品，大多智能家居产品都是通过云端远程发送控制命令来实现人们对智能家居产品的控制。而恰恰是这种便捷的方式，由于缺乏安全防御手段，可能就会给智能家居带来巨大的风险。

其次，目前智能家居产品由各大家电厂商生产，他们常用的方式是采用自己独立的协议，自成一套体系，虽然保证了自己产品的安全，但这样的方式对于今后智能家居设备的扩展与互联互通就会造成麻烦。由于不同协议产品之间不能互联互通，所以就出现了一些将协议统一的平台，比如京东微联这样的平台。但即使这样，对用户来讲，想要随意选择产品也很困难，因为并不是所有的智能产品都与京东微联实现互通，还有很多智能家居产品在苏宁或小米的平台上销售，他们每加入一个智能家居联盟就要遵守每一个平台的协议。通信协议的不统一也限制了用户选择产品的灵活性，从而限制了产品的销售。

随着科学技术的发展和人们生活水平的提高，人们越来越注重自己生活环境的舒适、安全与便利。近年来兴起的智能家居系统顺应人们的这种需求，行业也逐渐发展扩大。

从技术角度看智能家居未来趋势，包括以下几个方面。

① 触摸控制与语音识别技术在智能家居控制中将成为普及型的控制方式。智能家居系统中设备种类多且分布不集中，同时由于建筑结构以及用户个性化的需求，使用传统机械控制面板将定制化的控制功能集中在一起是一件很困难的事情，很难兼顾美观与易用性，且安装成本也会相应上升。目前通过触摸控制屏幕可以控制照明、窗帘、门窗的开合，门禁监控等诸多功能集中到一个操作界面中，不会因设备种类与数量增加而增加体积与成本，适合智能家居定制化的需求。并且随着语音识别技术不断完善，语音这种自然交互方式逐渐被智能家居厂商所青睐。通过麦克风阵列设备采集用户的自然语言指令，智能家居设备依据识别出的指令控制相应的设备，这种交互方式极大简化了用户使用智能家居设备的学习过程。

② 智能移动终端将成为未来智能家居相对重要的移动式智能控制终端。通过移动终端里安装的智能家居客户端软件或网络界面，实现对家居内部设备（空调、照明、通风等）的远程监控，实现安全防护系统远程监看与授权。这将智能家居的操作区域从室内延展到网络覆盖的所有场景中，大幅提升了智能家居的便捷性。而5G网络的建设将使得移动终端与智能家居设备间的高速数据传输成为可能。流畅的音视频、迅速的操作反馈将大幅提高用户对智能家居设备的使用体验。

③ 控制系统与子系统的无线通信与有线通信将有机结合。重要的子系统模块为了保证数据传输的速度与可靠性，可以采用有线通信方式接入智能家居控制系统；而分散区域的模块为了降低安装成本、提高安装的灵活性，可以采用无线通信方式接入。这将是未来智能家居控制系统与各个子系统通信设计的主要方向。

④ 智能家居以大数据、云计算为基础的智能化程度将显著提高、目前智能家居系统更多表现出来的仍然是家居自动化（Home Automation）的特征、中央控制系统通过传感器网络获取家居环境数据，依据设定阈值控制相关设备自动运行。这样虽然可以减少用户对设备的操作，提升了空间使用中的舒适性与便捷性，但设备控制仍然需要用户人为设定工作参数，很多工作流程仍然需要人为编程实现，对系统的部分修改可能都需要具有专业知识的维护人员来操作。而真正的智能家居（Smart Home）在数据采集流程之后，除了将数据提供给自动化控制系统，还会将数据提供给大数据平台以及云计算平台，通过人工智能系统的参与不断学习用户个性化的生活习惯，结合知识数据库，综合分析并反馈给智能家居自动化控制系统，为用户提供更符合用户生活习惯的家居环境。系统的自主学习将是未来智能家居的显著特征。

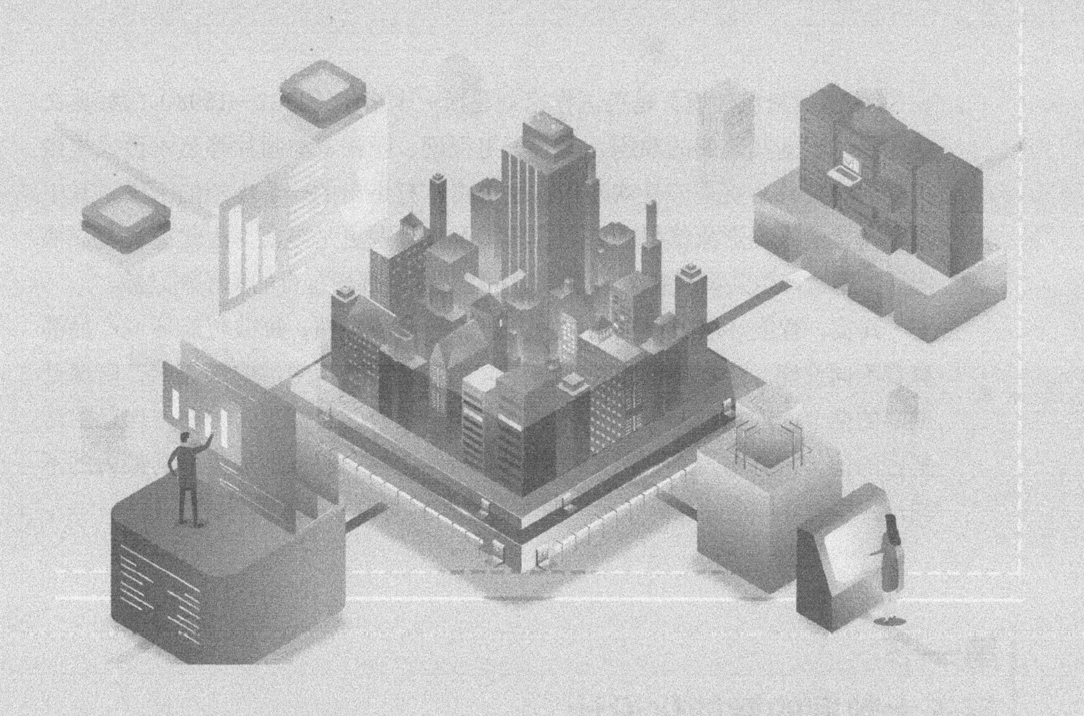

第四章

大数据浪潮下的智慧环境设计

《爱丽丝漫游仙境》是英国作家刘易斯·卡洛尔（1832—1898）的经典文学作品，根据其改编的戏剧、电影、电视剧、哑剧、动画片等艺术形式被搬上舞台和荧幕后更是广受欢迎。这是卡洛尔打造出的一个虚幻的王国，其中每个角色的人物形象都很有特点，所涉及的话题更是丰富，因此每名观众都能通过剧情产生共鸣，并跟随剧中的人物去体验那段神奇的兔子洞之旅。

其实，智能环境很像兔子洞里面这样一个生态圈，每款智能环境产品都有着不同性能，也在生活中扮演着不同的角色；日常生活中的需求，则像是剧中的情节，连接着一个个角色。对于用户来说，总能找到一些与自己生活契合的情结，并与一些角色产生共鸣。当然，与虚幻惊险的兔子洞最大的不同是，智能环境产品登场后所上演的是一个真实而幸福的世界。

第一节 基于大数据的智能化设计

一、什么是大数据

大数据（Big Data），又称海量数据，是指大规模数据的集合。这里的“规模”不仅体现在数据量之庞大上，还体现在其结构复杂、类型众多。大数据所涉及的数据规模通常巨大到无法通过一般的技术手段，在合理时间内整理成能够为大众所解读并运用的信息。

著名的高德纳咨询公司对大数据给出了这样的定义：“大数据”是指海量的、高速增长的和多样化的信息资产。这类信息资产需要新的数据处理方式以提升决策力、洞察力以及流程优化能力。在2001年，当时的麦塔集团（现被高德纳咨询公司收购）的研究指出，数据增长有3个方向的挑战和机遇：大量（Volume）、高速（Velocity）与多样（Variety），合称“3V”。在被誉为“大数据时代预言家”的维克托·迈尔·舍恩伯格和肯尼斯·库克耶编写的《大数据时代》中，大数据不采用诸如随机分析法（抽样调查）这样的捷径，而采用对所有数据进行分析的方法。他提出，大数据的属性除了包含上述的“3V”属性外，还包含第四个属性即价值（Value），这是指大数据的价值密度低。此后，著名的维拉诺瓦大学在“4V”之外赋予了大数据第五个属性，即真实性（Veracity）。

从技术上看，大数据与云计算的关系就像一枚硬币的正反两面一样密不可分。随着云时代的来临，大数据也吸引了越来越多的关注。大数据分析与传统的数据仓库相比，具有数据量大、分析复杂等特点。此外，大数据还具备两个重要的特征。

（1）跨领域数据的交叉融合。相同领域数据量的增加是加法效应，不同领域数据的融合是乘法效应。

（2）数据的流动。数据必须流动，流动产生价值。

二、大数据的相关技术

随着互联网、云计算和传感网的迅猛发展，无所不在的移动设备、射频识别、无线传感器等每分每秒都在产生数据，数以亿计用户的互联网服务时时刻刻在产生巨量的交互。要处理的数据量越来越大，而且还将更加快速地增长。同时，业务需求和竞争压力对数据处理的实时性、有效性也提出了更高要求，传统的常规处理技术已无法应付。为了解决这些难题，需突破传统技术，进行新的技术变革。大数据技术是一系列收集、存储、管理、分析、共享和可视化技术的集合。适用于大数据的关键技术包括以下内容。

（1）遗传算法。遗传算法（Genetic Algorithm）是一类借鉴生物界的进化规律（适者生存，优胜劣汰遗传机制）演化而来的随机化搜索方法。随着应用领域的扩展，遗传算法的研究对大数据的相关技术影响有了引人注目的新动向：通过遗传算法的机器学习，能够把遗传算法从历来离散的搜索空间的优化搜索算法扩展到具有独特的规则生成功能的崭新的机器学习算法。这一新的学习机制对于解决人工智能中大数据获取和数据优化精炼的瓶颈难题带来了希望。

（2）神经网络。受生物神经网络结构和运作的启发，模拟动物神经网络系统，进行分布式并行信息处理的算法数学模型。

（3）数据挖掘。结合统计数据和机器学习，使用数据库管理技术从大型数据中提取有用信息和知识技术。根据其他属性的值预测特定（目标）属性的值，寻找概括数据中潜在联系的模式，如关联分析、演化分析、聚类分析、序列模式挖掘等。

（4）数据融合与集成。集成和分析来自多个源的数据方法。典型的应用是，使用来自互联网的传感器数据综合分析如炼油厂这样的复杂分布式系统的性能。使用社会媒体数据，经过自然语言处理分析，并结合实时销售数据，确定营销活动如何影响顾客的情绪和购买行为等。

（5）机器学习。研究计算机怎样模拟或实现人类的学习行为，获取新的知识或技能，重新组织已有的知识结构并不断改善自身的性能，是人工智能的核心，是使计算机具有智能的根本途径。自然语言处理就是机器学习的一个例子。

（6）自然语言处理。研究实现人与计算机之间用自然语言进行有效通信的理论和方法。典型应用是使用社交媒体的情感分析来确定潜在客户对品牌活动的反应等。

（7）情感分析。从原文字材料中确定和提取主观信息的自然语言处理和分析方法的应用。通过分析微博或社交网络确定不同客户群和利益相关者对其产品和行为的反应。主要内容包括识别表达情感的特征、态势或作品。应用实例诸如分析社会化媒体（如博客）。

（8）网络分析。社会或组织之间的联系，如信息如何传播，或谁拥有了其中的大部分影响。应用实例包括确定营销目标的关键意见负责人以及确定企业信息流的瓶颈等。

（9）空间分析。分析数据集拓扑、几何或地理编码性能技术的统计方法。数据通信来源于采集地址。

三、大数据浪潮与设计创新

大数据带来的信息风暴正在变革我们的生活、工作和思维，开启了一次重大的时代转型。大数据的核心就是预测，并且将为人类的生活创造前所未有的可量化的维度。大数据已经成为新发明和新服务的源泉，而更多的改变正蓄势待发。不过，大约从2009年开始，大数据才成为互联网信息技术行业的流行词汇。美国互联网数据中心指出，目前世界上90%以上的数据是最近几年才产生的。此外，数据又并非单纯指人们在互联网上发布的信息，全世界的工业设备、汽车、电表上有无数的数码传感器，随时测量和传递着有关位置、运动、振动、温度、湿度乃至空气化学物质的变化，也产生了海量的数据信息。

大数据技术的战略意义不在于掌握庞大的数据信息，而在于对这些含有意义的数据进行专业化处理。换言之，如果把大数据比作一种产业，那么这种产业实现盈利的关键在于提高对数据的加工和创新以及转化能力，从而实现大数据的增值。在互联网思维下，企业需要以用户体验作为至上的设计理念，利用大数据的有效信息，为客户提供满意的产品和涵盖全生命周期的服务。设计创新的围墙已经被打破，企业内部“闭门造车”的封闭式创新模式再也无法满足当今时代的要求，建立在大数据信息平台基础上的创新模式受到越来越多的关注，它不仅突破时间和地域的限制，而且支持国内企业间及国际企业间的协同创新。

在传统的产品全生命周期中，产品设计是十分重要的一环，但由于传统设计方法多采用串行模式，对其生命周期后期的制造、装配以及用户使用环节考虑得较少，这种模式已无法满足当今行业发展的需求。因此，把产品设计与大数据的优势结合起来就十分必要了。

四、大数据背景下的智能化设计

如果说设计师一直有着改变世界的野心，那么有了大数据的助力，他们也许能够更容易地接近这个目标。未来的许多产品都会是基于对大数据的掌握、挖掘，以及对它的呈现。

1.大数据让设计更懂用户

在当下的中国，消费者的个人意识日益觉醒，被服务的需求空前强烈。而所谓“互联网思维”的核心，就是对这种需求的满足，以“用户至上”为理念，为消费者提供最贴心的服务。

最贴心的服务，首先要有最懂用户的设计。而这取决于是否拥有海量的用户消费数据、社交数据，以及是否具备大数据分析能力来帮助设计师更理解用户的需求。在大数据中寻找继续前进的动力，已成为每个企业尤其是渴望走向“智”造的企业必须接受的一次洗礼。

以传统的豪华汽车厂商宝马为例，它联手百度大数据引擎，在保证用户隐私安全的前提之下，通过更为可靠的量化数据，适时设计出更好地适应用户需求的产品和服务，以更好地提升用户体验。

尤其是在如今的信息时代，数据已经成为与黄金、能源一样宝贵的资源。与中国企业相比，美国企业更懂得数据所蕴藏的价值。它们不光收集可以理解的数据，同时也收集现在不能理解的数据，并且会花大量资源来储存，让数据一直保持价值。乔布斯曾说过："我的本事就是吸取社会上已有的成果，再来一次突破性的集成与优化。"他的话语当中"已有的成果"包括了苹果公司所能收集到的所有消费者的需求数据信息，正因如此，乔布斯才可以设计和打造出令消费者痴迷的苹果系列产品。

2.智能设计让数据更具价值

数据好比一座金山，但是如果不去挖掘，那这座金山就不会属于你。所以，企业需要迫切思考的是如何挖掘这座金山，而智能设计无疑是一种有效的挖掘手段。计算机辅助设计、计算机辅助工程分析、计算机辅助绘图、产品数据管理等高新技术的不断出现和应用，使得存在于设计师们头脑中的各种灵感与创意可以更快捷地被捕捉下来，让沉睡着的数据随时变成三维模型，更真实地呈现出来（图4-1）。

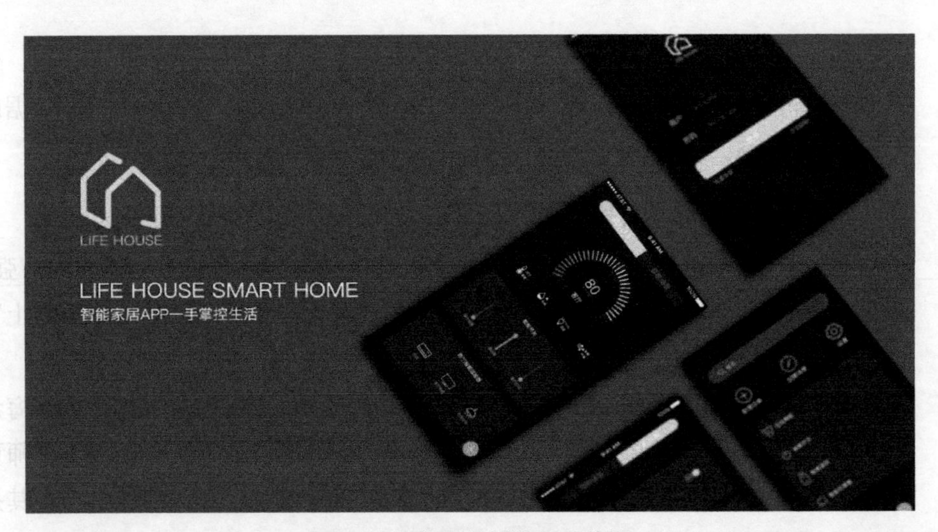

图4-1 智能设计让数据更具价值

从图纸到模型再到数据，工业产品表达方式的变迁清晰可见。第三方研究机构Tech-Clarity的一份调查报告显示，在设计和产品开发技术方面，绩优企业与普通企业的差距主要体现在仿真分析、配置器、设计自动化及工厂布局、仿真等方面。而业内人士也表明，在三维模型状态下，产品的性能、功能、状态、相互的关联、相互的修改都是围绕着产品模型进行的，这是未来定义所有产品的一个基本依据。

3.大数据智能化让生活更“智慧”

随着2018年中国国际智能产业博览会（以下简称智博会）在重庆国际博览中心举办，重庆又一次吸睛全世界。近年来，随着大数据智能化潮流兴起，智慧生活概念不再是高高在上的“黑科技”。在各地高度重视大数据智能化发展的背景下，人们的生活越来越“智慧化”。

展览现场，满头银发的老者在各类高科技产品面前，兴奋得像个孩子；稚气未脱的孩童与机器人玩游戏，体验各种新奇的场景；紧张刺激的无人机飞行赛和自动驾驶汽车赛连连上演；智能控制的家电让智慧生活有条不紊；人脸识别技术自动贩卖机、VR技术模拟潜水“参观”水下博物馆……智慧生活的魅力令现场观众流连忘返。

而这只是重庆近年来智慧生活的一个缩影，大数据、智能化早已融入人们的日常生活。在机场，无纸乘机、刷脸通关、行李可视已成为现实；在医院，远程会诊被广泛使用；在商店，刷脸支付逐渐兴起。市民不用带现金，只需一部手机，就可以完成就餐、就诊、购物等一系列日常活动。

正如负责谷歌自驾车项目的斯坦福大学塞巴斯蒂安·特隆（Sebastian Thrun）教授所说，谷歌将一系列地图数据和实时激光检测系统、多个雷达、GPS以及其他设备检测到的信息相结合，使得系统能够“看到”交通流量、交通信号灯和路况。据可靠消息，在美国每年约有43000人死于车祸，而每年全球死于车祸的人数为525万人。而通过物联网实现车辆之间的信息共享和交通信息共享，不仅会使道路更加安全，也会更好地利用行驶车辆间的空隙使道路更加畅通。

4.大数据引发的物联网革命

物联网是一种建立在互联网基础上的泛在网络。作为互联网的延伸，物联网利用通信技术，把传感器、控制器、机器、人和物等通过新的方式联系在一起，形成人与物、物与物相连，而它对于信息端的云计算和实体端的相关传感设备的需求，使得产业内的联合成为未来的必然趋势，也为实际应用的领域打开了无限可能。美国市场研究公司Gartner预测，到2020年，物联网将带来每年300亿美元的市场利润，届时将会出现25亿个设备连接到物联网上，并将继续快速增长。由此带来的巨大市场潜力已经成为新的增长引擎，包括思科、AT&T、Axeda、亚马逊、苹果、通用电气、谷歌与IBM等在内的公司争相抢占在物联网产业中的主导地位。

五、大数据的智能化设计在生活中的应用

有一个有趣的故事是关于奢侈品营销的。普拉达（PRADA）在纽约的旗舰店中每件衣服上都有RFID码。每当一个顾客拿起一件衣服进试衣间时，RFID会被自动识别，同时，数据会传至普拉达总部。每一件衣服在哪个城市、哪个旗舰店，什么时间被拿进试衣间，甚至顾客停留多长时间，这些数据都被存储起来加以分析。如果有一件衣服销量很低，以往的做法是直接取消生产和销售。但如果RFID传回的数据显示这件衣服虽然销量低，但进试衣间的次数多，这就能另外说明一些问题。也许这件衣服的下场就会截然不同，或许在某个细节的微小改变就会重新创造出一件非常流行的产品。

从这个案例来看，大数据并不是很神奇的事情。就如同电影《永无止境》提出的问题：人类通常只使用了20%的大脑，如果剩余80%的大脑潜能被激发出来，世界会变得怎样？在企业、行业和国家的管理中，通常只有效使用了不到20%的数据（甚至更少），如果剩余80%数据的价值激发起来，世界会变得怎么样呢？特别是随着海量数据的新摩尔定律，数据爆发式增长，然后数据又得到更有效的应用，世界会怎么样呢？

单个的数据并没有价值，但越来越多的数据累加，量变就会引起质变；就好像一个人的意见并不重要，但一千人、一万人的意见就比较重要，上百万人就足以掀起巨大的波澜，上亿人足以改变一切。

中国的航班晚点非常多，相比之下美国航班准点情况好很多。这其中，美国航空管制机构一个做法发挥了积极的作用。说起来也非常简单，就是美国会公布每个航空公司、每一班飞机过去一年的晚点率和平均晚点时间，这样客户在购买机票的时候就会选择准点率高的航班，从而通过市场手段促使

各航空公司努力提升准点率。这个简单的方法比任何管理手段都直接和有效。

没有整合和挖掘的数据，价值也呈现不出来。《永无止境》中的库珀如果不能把海量信息围绕某个公司的股价整合起来、串联起来，这些信息就没有价值。

因此，海量数据的产生、获取、挖掘及整合使之展现出巨大的商业价值。在互联网对一切重构的今天，这些都不是问题。因为，大数据是互联网深入发展的下一波应用，是互联网发展的自然延伸。目前，可以说大数据的发展到了一个临界点，它也因此成为IT行业中最热门的词汇之一，也在不断推进着智能化设计在生活中应用的发展。

六、大数据和智能化背景下的服务设计

随着移动互联网和电子商务的高速发展，在大数据和智能化背景下，O2O（线上到线下）的体验经济改变了传统以产品为核心的商业模式。信息时代的设计也从注重产品设计转型为注重服务设计（Service Design，SD）。服务设计是基于用户的角度、需求，通过跨领域的合作与共创，共同设计出一个有用（Useful）、可用（Usable）和让人想用（Desirable）的服务系统，或者说是“用户为先+追踪体验流程+涉及所有服务接触点+打造完美的用户体验”的综合设计活动。这种活动通过服务平台将产品服务与体验融合在一起。

用户想要的是什么？对于产品的期待是什么？寻找用户真正的“痛点”才能使产品获得认可，这就是服务设计的精髓。服务设计将人与其他因素如沟通、环境、行为、物流等相互融合，并将以人为本的理念贯穿于始终。服务设计包括可见部分和不可见部分，如到超市购买商品，可见的部分就是商品本身，但商品的制造、存储、流通和分销过程对于顾客来说就是不可见的过程，也就是服务具有“直接”和“隐形”的属性。这往往会导致人们对服务有着各种各样的疑虑。

事实上，服务设计就是源于人们的生活，以用户体验为中心，以服务受众与服务提供者双方满意为目的的设计。服务设计存在于我们的生活中，我们每天经历的方方面面都是服务设计范畴内的东西。服务设计同样成为智能环境产品设计的营销理念，如专注于智能硬件和电子产品研发的小米公司，“让每个人都能享受科技的乐趣”是其公司的愿景。小米公司应用了互联网开

发产品的模式，用极客精神做产品，用互联网模式去除传统销售的中间环节，致力于使全球每个人都能享用来自中国的优质科技产品。这其中无不充满了服务设计的智慧和思想。

“家”，正在不断加快高科技化、智能化的脚步。音箱杂乱无章地摆放，用以向人炫耀的家庭影院曾昙花一现，而今后它很有可能会变身成为一个终极音响空间，让人们完全找不到音箱的藏身之处。现在的电视还是一个挂在墙上的扁平的监视器，但不久的将来可能会被嵌入墙壁之中，更有可能进一步强调电视作为物品的存在感。无论如何这些物品不会再是原来的样子。照明器具会融入天花板，电视和通信机器会嵌入墙壁，环境会悄无声息地与人的身体产生沟通。

如果在地板上安装敏感度极高的传感器又会怎样呢？在玄关脱鞋走进室内的生活方式会带来地板、环境表面和身体的直接接触，人的身体将变为一个信息的集合。如果地板能感知血压、脉搏、体重、体温等各种身体信息，那么身体就能通过地板与环境产生对接，人与人就能通过住所进行思想交流。最近已经开发出了一种可以导电的纤维，这样，开关和键盘就不必再做成现在生硬的样子了。目前已经有了自动化暖气机地板，也许具有监测功能的地板也即将问世。假设医院的检查绝大部分都是检测人的身体信息的话，通过将家与医院连接，人们就可以一直处于医疗服务的监测状态之下。如果不考虑隐私问题，我们或许可以通过电话邮件之外的渠道掌握不在一起生活的家人的身体信息，掌握他们的健康状况，以上绝非凭空幻想，也许就是不久的将来我们所面临的生活一景。

七、基于大数据的智慧环境设计

在智慧环境的设计中，借助物联网技术对环境的监测是所有工作的基础，将传感器和相关设备嵌入监控对象，实时将数据传输到后台，实现智能分析及预警、管理。因此，智慧环境的系统构架可以分为感知层、传输层、智慧层和服务层。感知层的作用是利用传感器设备实时感知环境参数变化；传输层是将传感器采集的数据通过通信网络进行传送与分享；智慧层是利用大数据、云计算以及人工智能技术，将数据进行整合分析并做出相应决策；服务层是为最终用户提供相关信息服务以及控制相关设备的运行状态。其中如何处理传感器不断传来的数据，对这些数据进行整合和分析，并从中获取能够指导系统运行的决策信息是智慧环境系统的主要任务。

在智慧环境系统的工作流程中，大数据技术是系统中一切数据处理工作的先决条件。大数据指的是一种规模大到在获取、存储、管理、分析方面，大大超出传统数据库软件处理能力的数据集合，具有海量的数据规模、快速的数据流转、多样的数据类型和低数据价值密度四个显著特征。大数据技术的意义不是仅仅储存庞大的数据信息，而是在于对这些含有信息的数据进行专业化处理。它定义了非常大的数据集，且在大数据集中可以存在结构化数据（如关系数据库中的数据），也可以存在非结构化数据（如图像、音频数据等）。

智慧环境中的“智慧”指的即是人工智能（Artificial Intelligence，AI）。人工智能是计算机科学的一个分支，它使得计算机可以自主学习知识并使用知识，模拟人的思维过程和智能行为。人工智能在运行过程中需要通过大量的数据来不断学习知识。例如，在智能监控软件中，先通过大量人的图片样本进行学习，之后软件就可以在监控画面中快速标记出图片中所有的人所处的位置，甚至可以估算人流密度等。

大数据可以提供人工智能学习算法所需的数据样本，在大数据平台中，首先从大量繁杂的数据中分离出有效的数据，然后再提供给软件使用。人工智能软件将学习中使用的数据进行预处理，将无关的、重复的和不必要的数据清除，保证了人工智能软件执行结果的准确性。人工智能软件的学习是持续性的，完成最初的样本学习后，并不会停止学习。随着数据的不断采集更新，人工智能软件会使用新的数据不断修正自身的学习成果，以获得更精准的执行结果。因此在一定范围内，可以说人工智能学习的数据越多，其获得的结果就越准确。在过去，人工智能软件受到处理器性能的限制，计算速度较低，不能实现实时决策。同时也没有丰富的传感器以及物联网络为人工智能学习提供海量的实时数据。现在我们拥有便捷的物联网络实时获取数据，同时可以获得更加高效的处理器来运行复杂的人工智能软件。

在建筑设计应用中，大数据技术契合了可持续发展的生态和谐发展理念，强化了建筑的节能环保性、实用性、先进性及可持续升级发展等特点，更加注重环境的节能减排。在智慧环境设计中，智能控制与传统的或常规的控制有密切的关系，不是相互排斥的。智能控制利用常规控制的方法来解决基本的控制问题，常规控制同时为智能控制提供补充。

智慧环境通过建筑物综合布线（Generic Cabling，GC）与各种终端设备连接，如通信终端（电话机、传真机等）、传感器（如压力、温度、湿度等传感器），从而“感知”环境内各个空间的信息，并通过计算机进行处理后给出相应的控制策略；再通过通信终端或控制终端（如开关、电子锁、阀门等）给出相应控制对象的动作反应，使环境达到某种程度的智能，从而形成设备自动化系统、办公自动化系统、通信网络自动化系统。智慧环境充分利用阳光、天然采光与人工照明相结合，在保证照明充足的情况下减少电能的消耗；同时，温湿度控制、通风和安全防护等系统均可由计算机自动控制，既可按预定程序集中管理又可局部手动控制，以满足不同场合下人们的不同需要。

举例来说，对于植物养护，大数据可以提供以下方面的支持。

（1）智能灌溉解决方案。针对大型城市缺水的现状，将人工智能技术引入城市园林管理中，根据不同种植对象，在对降水、土壤湿度等数据监测的基础上，进行有针对性的灌溉，做到不浪费一滴水，不少浇一株植物。

（2）智能植物养护方案。建立全面的植物生长数据档案，通过技术手段实时记录植物生长状况，监督正常的养护、修剪、复壮工作；利用科技数据建模，对每株植物的生长进行监测及预报。

（3）病虫害监控解决方案。根据病虫害发生、发展特点，制定有针对性、可操作性的监测方法及手段，收集、整理监测数据，并对数据进行建模分析，对病虫害发生、发展进行有效、科学的预报，提高防治效率，降低防治费用。

在智能庭院设计应用中，大数据技术可以为用户营造一个不受地域气候限制的，更加舒适、私密、便捷且更低人工维护成本的生活环境。例如：传统庭院设计受到地域气候限制，植物设计受到很大局限且使用时段也受到气候因素的较大影响；庭院后期在使用维护过程中，植物养护、设施维护需要具有专业经验的维护人员提供专门服务。这些因素都极大阻碍了用户使用庭院的热情。引入以大数据为基础的智慧环境设计，可以针对用户使用需求在局部模拟目标环境：根据不同的植物，在对空气、土壤温湿度等数据监测的基础上，对环境温湿度进行有针对性的调整，营造适合植物生长的小气候环境；依据植物生长数据资料库，通过传感器实时记录植物生长状况，监测并控制正常的灌溉、养护、修剪、复壮工作；根据病虫害发生、发展特点，有针对性地监测，并对数据进行分析，对病虫害发生、发展进行有效、科学的预测，提高防治效率。配合智能通风、照明、安防、娱乐系统，使得庭院的使用不再受到外界环境条件的限制，降低了庭院后期人工维护的需求，让用户从繁杂的养护工作中解脱出来，从而真正地享受庭院生活。

第二节
倡导日常的智能家居设计

一、从用户需求入手的便捷设计

美国心理学家马斯洛在1943年发表的《人类动机的理论》一书中提出的马斯洛原理，将人类的需求分为五个不同层级：① 生理需求；② 安全需求；③ 情感和归属需求；④ 被尊重需求；⑤ 自我实现需求。基于这一基本理论，20世纪90年代，设计师诺曼提出和推广了“用户体验”一词，并逐渐为世人熟知。简而言之，用户体验即用户在一个产品或系统使用之前、使用期间和使用之后的全部感受，包括情感、信仰、喜好、认知印象、生理和心理反应、行为和成就等各个方面。因此影响用户体验的两个因素可概括为系统用户和使用环境。

当用户成为一个产业的主角，这就意味着一场“用户驱动”经营变革的大幕开启：企业必须围绕用户的各种快速多变的需求，提供主动响应能力。这正是海尔智慧家庭带来的最大变化，不再是“用户提出需要、企业做出反应”，而是企业基于系统服务能力，想到用户前面，帮助用户实现。

日常的智能家居是从用户需求出发，以住宅为平台，利用综合布线技术、网络通信技术、智能家居系统设计方案防范技术、自动控制技术、音视频技术将家居生活有关的设施集成，构建高效的住宅设施与家庭日常事物的管理系统，提高家居的安全性、便利性、舒适性、艺术性，并实现环保节能的居住环境。

用户需求主导，其实也是智能产品改变生活方式的驱动力。不同于工业革命时代，也不同于互联网时代，智能家居所处的物联网时代，产业竞争的主角已经从制造商、零售商和服务商全面让位给用户。特别是在经历PC互联网、移动互联网的持续教育后，用户开始牢牢掌握智能家居产业的主导权，以自己的选择决定产业发展的趋势和企业的竞争布局。

用户主导的智能家居时代，无形中为中国企业在世界舞台上的崛起，提供了一次直道超车的机会。因为，由用户定义的智能家居产业，不再是简单的软件比拼和硬件较量，更不是营销价格的互搏，而是基于系统的硬件、软件、内容等协同整合服务能力的竞争。最终，谁能让用户获得更多、更好的智慧生活体验，谁才能赢得市场“蛋糕”。

近年来，高品质家庭对于家电、家居等产品的需求，由过去的“从无到有”温饱型，变为如今的“从有到优”享受型；外部的商品房住宅精装修化和系统集成化、模块化解决方案的出现，使众多家庭从过去买家电“单台购买、用时再买”，变为如今的基于品质生活下的“成套购买、一体设计”。这无疑给智能家居的加速落地提供了巨大的消费红利。

从2008年开始，随着科学技术的发展和屏幕价格的降低，显示屏出现在许多产品中，产品的功能越来越复杂多样，用户对产品操作则要求越来越简单和便捷。例如冰箱不仅具备传统的制冷功能，还可以对冰箱内的食物进行管理，甚至指导菜谱。传统产品领域和互联网领域的界限变得越来越模糊，在这种体验过程中，用户开始关注如何简单和愉悦地操作功能繁多的产品，随着技术的不断更新，用户在这方面的需求也会不断发生变化。产品成败与否再也不能仅靠传统的产品属性来定义，用户体验已经成为评价产品优劣的重要指标之一。

【案例4-1】海尔：摆脱冷藏保鲜束缚，智能冰箱升级为“家庭饮食服务生态”

作为国内家电龙头企业之一的海尔，将智能冰箱从简单的联网远程控制进化到家庭饮食服务生态的构建。海尔所创造的“智慧家庭”基于从产品到生活方式的用户需求，拥有“全场景、多生态”两大利器：基于全场景，为所有用户提供“千人千面”可随心定制的智慧生活体验和生活方式；立足多生态，实现从智能家电、智能家居向智慧生活的跨越，让生态资源为用户带来更多超出预期的增值服务和体验。

服务产品开发：跳出冰箱制冷保鲜的局限

海尔推出的馨厨智能冰箱，可以实现RFID食材识别、食物存储管理、食谱推荐等功能（图4-2）。

图4-2 海尔馨厨智能冰箱

食品安全是人们最为关注的话题之一，食材源头可追踪，已成为人们饮食生活中一个迫切需要实现的愿望。对此，海尔馨厨冰箱具备RFID食材识别技术，与海尔合作的生鲜供应商的食材上都贴有RFID标签。当用户将这些带有标签的食物放进冰箱时，冰箱屏上可以显示出食材的产地、品种、保质期、运输等相关信息，从而使人们对吃到的食物的全流程都能实现追踪。

馨厨智能冰箱配备了语音识别功能，提升了用户与冰箱之间的交互体验。用户在存放食物时，可以告诉智能冰箱食物的名称，帮助摄像头更准确地识别食物，达到训练识别算法的目的。

在食物存储管理上，馨厨智能冰箱可根据食材的存储时间将食材新鲜度分为新鲜、正常、快过期、已过期四种状态；当有过期的食物时，冰箱会提醒用户尽快处理。配合特殊品牌食物的存储要求，调整温度和湿度。如果将需要冷冻的食品放到冷藏柜中，冰箱屏幕会提醒是否更换位置。

在食谱推荐上，海尔与香哈网合作，给不同地域的用户推荐更精细化的菜谱，比如不同菜系的选择。智能冰箱将不再仅仅具有传统意义上的食物保鲜和冷冻的功能，而是升级为一个集多样化食材管理能力于一身的生活助手。

服务平台创新：打造生鲜电商、家电管理等多个平台

除了实现多样性的食品管理服务，海尔通过智能冰箱进一步打造生鲜电商平台，以及家电管理平台和娱乐平台。

首先，在实物采购平台上，海尔与专业的生鲜食材电商“易果生鲜”合作，联合打造安心食材开放平台，为用户提供安全食材；此外还推出“1小时上门配送”的服务，用户在馨厨便利店下单即可购买食材，随后“易果生鲜”将在1小时之内送货上门。此举增加了家庭食材采购的便利性，同时也解决了传统生鲜电商在送货时间上的瓶颈。目前，海尔馨厨冰箱1小时上门配送服务已经在北京、上海、杭州三地实现，后续将在全国更多城市推广。

其次，馨厨智能冰箱也是智慧厨房的管理平台。馨厨通过海尔“U+”（海尔智能家居平台）可以和其他海尔家电联动，让用户通过冰箱大屏幕来查看、控制其他不方便安装屏幕的电器，如电饭煲、净水器等家电产品。

此外，海尔馨厨还是一个娱乐平台。海尔与喜马拉雅FM、网易云音乐、优酷视频这些内容提供商合作，当用户在厨房里做饭、用餐、做清洁时，可以通过“小馨”点播视听内容，给自己营造一个休闲的娱乐环境，让人们在下厨时增添更多轻松和趣味。

在智慧家庭领域，智能产品企业需要从硬件产品思维转变为服务思维，以硬件为依托，为用户实现更多更丰富的生活服务，从而提升用户的体验和生活的便利性，增加用户的使用黏性。

盈利模式创新：多层面合作构建家庭饮食服务场景

在传统的盈利模式上，企业通常是通过销售硬件产品来赢利，这是一次性的交易。当前，海尔智能冰箱打破了传统的盈利模式，通过多个层面实现盈利。

（1）硬件免费、服务收费的模式，主要有以下三种方式：

① 零首付，免息免手续费，每月支付固定金额，即可获得等额的易果生鲜套餐周期配送服务，以及免费获得指定型号的智能冰箱一台；

② 首付30%，免息免手续费，每月支付固定套餐金额，即可获得等额的易果生鲜套餐周期配送，以及免费获得指定型号互联网冰箱一台；

③ 一次性支付冰箱购买价，获赠最高1000多元的易果生鲜优惠券，套餐覆盖区内更可获得300元易果生鲜套餐优惠券。

在这种商业模式中，虽然也有通过销售冰箱本身实现的盈利，但这已不是传统的直接销售硬件的形式，而是增加了增值服务；同时，与生鲜食材电商等合作实现的盈利，是通过利润分成的形式实现的。

（2）海尔馨厨冰箱与聚农天润（北京）农业信息技术有限公司合作，探索“农产品直供+智慧冰箱+智慧厨房”的新型盈利模式。对海尔馨厨冰箱来说，可实现从食物源头的种植地到海尔冰箱平台再到海尔大数据分析系统平台的智慧生活产业链，实现全流程可追溯产业链闭环；而聚农天润则主要提供供应链管理支持，对食材的生产基地、加工和包装、净菜加工、物流配送和订单管理等提供全程的平台管理支持，并与海尔智慧厨房管理平台进行无缝对接，把优质农产品的生产、加工流通和消费打通，实现农产品产供销的闭环。

在此基础上，随着消费相关农业数据的积累，还将会产生新的盈利点，即根据相应的算法技术对积累的农业大数据进行分析挖掘，从而为农业生产提供智能化的解决方案，最终实现农业增收和食品安全，也为海尔带来新的营收来源。

迄今为止，海尔馨厨冰箱已与生鲜电商、生鲜内容服务商、配送公司、食品采购网等合作，构建了一个从食材的存储管理、采购、配送到延伸的家庭饮食服务的智慧化生活服务场景。

海尔打造的智慧饮食服务，并不只是创造了一种需求，而是对人们的生活饮食需求进行了优化和升级，为人们提供了居家生活饮食的便利性和丰富性，满足了家中食物采购、存储、管理以及美食烹饪等饮食硬需求。对用户而言，解决了生活中的痛点；对企业而言，这种生活饮食需求是持续的且源源不断的，其利润也是持续不断的。

在用户主导的这条“新赛道”上，体验和服务已取代产品和渠道，成为新的商业中心，这也直接导致企业竞争的“两极分化”：一极是，众多手握所谓的硬件或软件能力，通过贴牌代工，拼凑组装一套智能家居产品的企业，它们让用户在家中遭遇设计风格不统一、装修设计不协同，以及不同品牌产品难以互通，仍是被动响应等糟糕体验；另一极，则是以海尔智慧家庭解决方案为代表的企业，它们通过事前的统一设计和规划、销售中的统一协同和响应，以及售后的统一施工和服务，实现一个平台一个标准一个体系下的不同家庭和用户需求的智慧生活定制。对于用户来说，智能家居的最大变化，在于其不再只是一款产品、一个方案，而是一种生活方式、生活体验。这就意味着，决定企业在智能家居时代能走多快、走多远的核心，不再是单一的硬件制造能力和软件创新能力，而是面向用户的系统服务能力和资源整合能力。

二、以人为导向的智能家居设计

BJ Fogg（2009）提出的FBM模型（Fogg Behavior Model）将目标行为（Target Behavior）的产生建立在三大因素之上：动机、能力和激励，三者缺一不可（图4-3）。当用户的能力和动机都处于坐标轴数值较高的位置时，用户就越接近绿色的星星——目标行为。

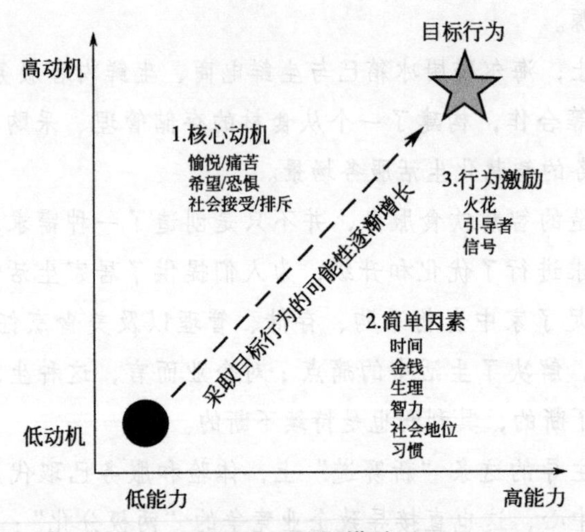

图4-3 FBM模型

动机是行动的需要和愿望；能力是行动所需的技能，与人的时间、金钱、生理、智力、社会地位和习惯相关；激励是激发动作的信号，这个信号可以是文字、图像、声音、动作等。激励因素经常被忽略，但实际上，即使人们已经同时拥有了动机和能力，却缺乏“临门一脚”的激励，行为也不会发生。例如，一个人有能力购买某个产品，他也有这个需求，但是直到他看到某个广告传单的时候，他才想到去实施购买行为。在这里，广告传单就是一个激励。设计师需要在适当的时刻给用户提供激励。当然如果用户在能力不足的时候接收到激励，达不到目标的挫败感反而会引起他们的负面情绪。

FBM模型将人类可能影响甚至决定行为的情感因素和潜意识等部分纳入了模型之内，从更为感性的角度解读用户的行为，适合应用于重视用户情感和体验的交互产品。

智能环境产品和智能家居的价值不在于能否联网，能否远程控制，联网只是其初级功能，或者说只是最基本的特性而已。获取盈利点并非仅仅在于产品本身，只要销量高就能实现盈利的模式一去不复返，如今智能产品很难再通过销量来实现盈利。

智能产品盈利的关键在于服务。依托智能产品来提供服务，通过服务来获取利润。智能的价值，在于能够实现的服务，而非硬件本身。本质上，服务替代原有的"硬件"产品，成为一种升级的、新的产品形态。从以人为导向的用户角度出发，智能产品是能够与用户发生实时交互、双向互动的体验，能够传递服务、引导服务、实现服务的智能端点。

【案例4-2】智慧空气：空气变成一种服务产品，满足用户不同的情境需求

呼吸是最关键的，人可以一天不吃饭，但是不可能几分钟不呼吸。当前我国空气污染问题日益严峻，雾霾天气出现的频率仍然较高，人们对空气质量的关注度也越来越高。并且，不同地区、不同季节人们对空气的诉求也不同。例如，北方冬季空气干燥、雾霾严重，需要增加空气湿度、去除雾霾；南方冬季湿冷，则需要加温、除湿等。

服务产品开发：抓住人们对空气的不同需求，打造智能空气管理系统

对于空气的需求，仅凭一台空气设备很难解决所有问题。因为每一种空气设备往往只能解决特定的一个问题或几个问题。比如，空调解决的是温度问题；除湿机和加湿机解决的是湿度问题；空气净化器解决的是PM2.5（细颗粒物）和粉尘问题，除甲醛的设备解决的是VOC（挥发性有

机化合物）和异味问题，没有一台空气设备可以包治百病。即使当前部分空气净化器也有除甲醛的功能，不过其功能仍不能完全覆盖人们对空气的所有需求。

空气管理，需要由多个环节组成，除了有温度、湿度控制，还需要含盐量、负氧离子控制。要满足这些不同的需求，就需要诸多设备之间互相协调。然而，如此多的空气设备，并没有实现互联互通，用户逐一操作的体验比较差。

为了解决上述问题，我国已有企业推出了智能空气管理系统（图4-4）。该系统把空气设备所有的控制规则，包括检测、联动、调节全部集中在一起，从而实现了空调、空气净化器、新风系统、加湿器、除湿器、负离子发生器、地暖等环境家电之间的联动和控制。智能空气管理系统能够打造24小时的恒温、恒湿、健康的空气环境，可以根据高精度传感器进行自我感知和自主调控。比如，在不同季节或不同环境下，人体所需要的空气状态是不一样的，智能空气系统可以在这些空气设备之间联动，自动调节成最适宜的空气质量，并且不需要人工干预或设置。

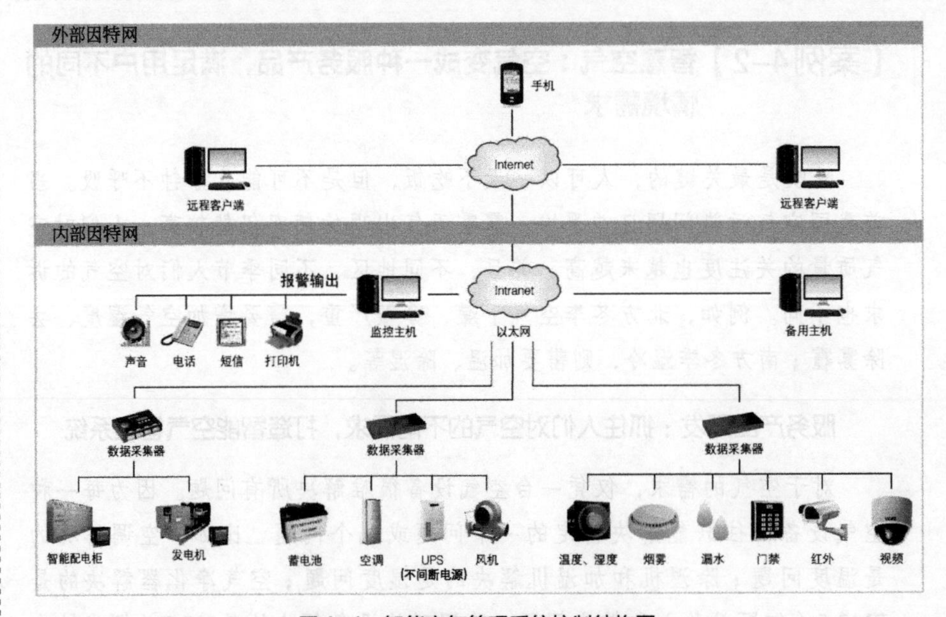

图4-4　智能空气管理系统控制结构图

在技术原理上，智能空气管理系统由各种智能家电设备、传感器、控制终端、App及云服务器组成，通过系统中的各种传感器（PM 2.5、甲醛、温湿度、二氧化碳、粉尘等传感器模块）感知空间环境的实时状态，同时将实时数据上传至主机和云端，主机依据内置的专家曲线完成设备的自主调控。

云端可记录不同地区的环境参数值，通过数据分析，作为优化空气曲线的依据，以期更好地达成用户体验。数据信息主要包括空气数据、人体素质指数、生活习惯数据，根据健康专家、养生专家和空气研究专家的经验和建议，实现多种不同参数的空气标准模式，如鼻炎专用模式、吸烟者专用模式、老年养生模式、湿热体质专用模式、哮喘人士专用模式等，根据数据信息的挖掘来多维度改善空气质量，满足人们日益增长的健康诉求。

在整个智慧家庭系统中，智慧空气管理系统可以作为独立的一部分存在：既可以独立于App控制，也可以接入到其他第三方平台。智慧空气管理系统整体工作原理如图4-5所示。

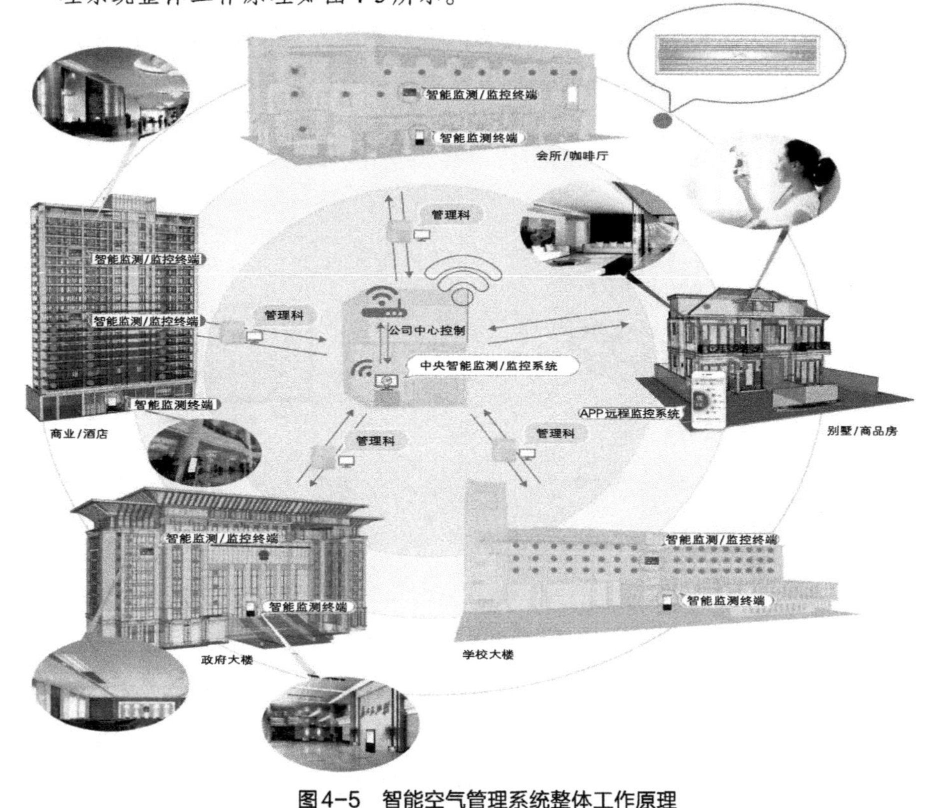

图4-5 智能空气管理系统整体工作原理

服务创新：根据不同空气需求，实现定制化空气场景

在此基础上，智能空气管理系统可以根据不同的需求，实现多种空气模式和空气场景。主要涉及三个层面：一是解决生活痛点的智慧空气场景，如何解决潮湿、雾霾等问题；二是可以将想要的某个地方的空气在家中实现，如将长寿之乡——广西巴马的空气搬回家等；三是实现医疗保健的空气场景，可以在家中疗养。

具体应用上，在解决室内雾霾的场景中，智慧空气管理系统通过AirRadio（空气电台）与空调、空气净化器、空气除湿机、新风、云服务器实现互联互通，云服务器随时提供室外天气的情况，AirRadio通过自身的多种传感器实时采集室内的颗粒物浓度、PM 2.5浓度、二氧化碳浓度等相关空气指数，并将采集的信息上传到云端和主机，云端存储这些数据信息，不断优化数据库。空气管理系统的主机根据专家经验数据模型自主调控家中的空调、空气净化器等相关设备，不需要再人为地逐一调节各种家电产品，并结合室外的温度情况，调节家中的空气，实现温度适宜、清新干净的环境（图4-6）。

图4-6 智能空气管理系统净化雾霾空气场景

在解决室内空气湿度的应用场景中，智慧空气管理系统通过AirRadio与制冷产品除湿机、净化器连接，同时语音服务器连接AirRadio实时采集室内空气状况，云服务器实时将室外天气信息反馈给AirRadio，AirRadio根据室内、室外的空气情况，自动控制净化器和加湿器，将其调到相应的岗位或参数上。云端、本地端、控制系统、空气等设备等多个环节配合，从而实现室内空气保持适宜的湿度（图4-7）。

图4-7　智能空气管理系统解决空气潮湿场景

在把想要的地方的空气“搬回”家中的场景中（比如在家中呈现巴马的空气，图4-8），智能空气管理系统可以进入巴马的温度、湿度、负氧离子等空气环境参数，然后联动家中的空调、加湿器、除湿机、负氧离子机、香薰系统等智能产品，就可以呈现巴马的空气环境。再如用户在澳洲旅游，只要用记录仪器记录当地的空气参数并分享到云端，用户的家人就可以在家里实现环境参数的复制和再现，做到“身临其境”的环境模拟分享。

同样，也可以构建出用于医疗健康方面的空气场景。例如，分析哮喘病人对空气的要求，在分析家中空气模型，汇总数据信息后，可以在“传感器+空调+空气清新机+全热交换机+除湿机+云服务”结合下推出适合哮喘病人呼吸的空气。此外，还可以在家里通过智慧空气实现对糖尿病、鼻炎、肺炎等病人的理疗，从而达到辅助治疗的效果。

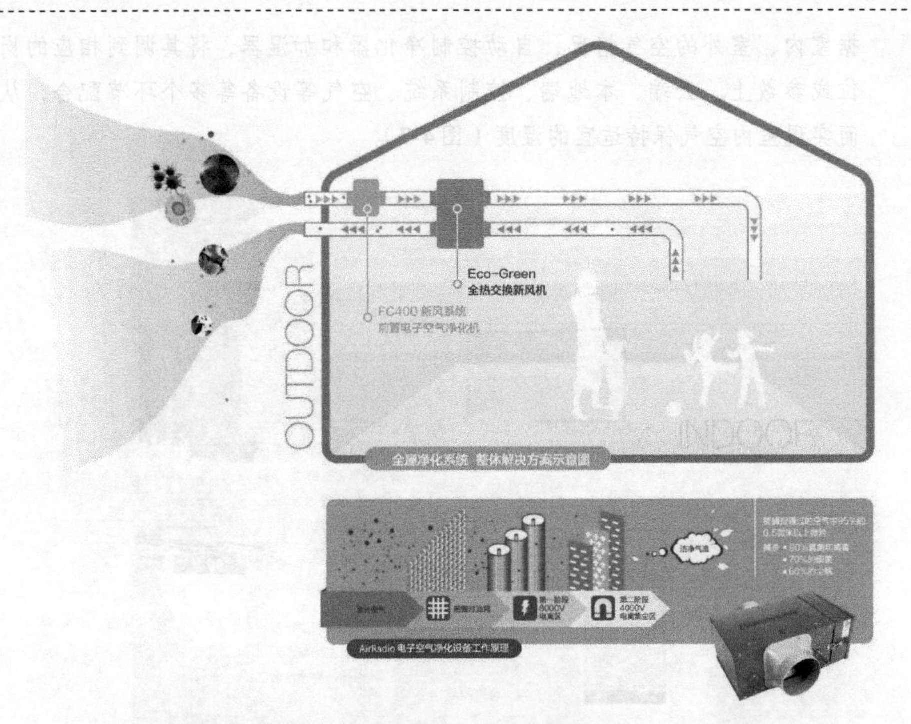

图4-8 空气“搬回”家中的想法可实现

盈利模式创新：提供智能硬件+互联网云平台+定制化服务

除了推出智能空气的解决方案，该企业还打造了垂直云平台，把规则协议和控制协议嫁接在SmartBox上，由该盒子完成家庭联动，在云端实现设备控制层和交互，从而真正实现“云、管、端”的闭环，并利用云端动态调节模型。

在商业模式上，整个智慧空气系统与前装市场公司合作，为其提供整套智能空气管理系统及售后服务。提供的解决方案包括：智能家用设备（智能空调、新风机、除湿机、换风机、负氧离子机等）、智能控制管理系统、云端数据服务、技术培训服务、升级售后服务等。其构建的盈利模式是“智能硬件+互联网云平台+定制化增值服务”。

随着用户需求和以人为导向的各个传统行业逐渐走向数字化和自动化，将催生更多新兴的服务行业，如互联网金融、智能农业、远程医疗等，如何将服务业做到位，需要有一个帮手——“数据挖掘”，即基于以往积累的数据塑造模型，提前预判用户需求，主动提供服务。

未来，智能产品的盈利模式将由硬件收费转变为硬件收费加（或）服务收费，通过空气服务产生多点盈利价值，包括向使用空气数据的商家收费、空气模式下载收费，以及其他个性化、差异化功能收费等。这些盈利价值同时冲抵掉用户一部分的家庭成本，让用户获得更便宜的家电产品及服务，从而实现共赢。

三、整合智慧城市的跨界设计

智慧城市是一种新理念、新思维，是一种现代化、城镇化建设智慧管理与创新发展的新模式。不同历史阶段都提出过相关的理念，但绝不是凭空臆想出来的，都是在前人思想、理念和总结的基础上，创新发展提出来的，都离不开各个国家、地区、城市的经济发展水平、科技发展现状以及智能化技术水平。当然是创新发展的过程和不断智慧化的过程。智能化（即自动化、数字网络化、信息化、集成化）是智慧化的基础。智慧是目标，智能服务于智慧，智慧推动智能发展，智能强调技术手段，属于技术范畴，智慧强调人的思维、创造性，属于人文范畴，智慧来源于大数据。智慧化的关键技术支撑是智慧城市的“智慧引擎”。

智慧城市是把新一代信息技术充分运用到城市的各行各业之中，基于知识与创新的下一代城市信息化高级形态。智慧城市充分应用物联网、云计算、大数据、社交网络、地理空间、信息系统集成等新一代信息技术，营造有利于创新的生态环境，实现全面透彻、无所不在的感知，宽带泛在的互联，智能融合的应用，以及以用户创新、开放创新、大众创新、协同创新为特征的可持续创新。智慧城市，与其说是智能城市的代名词，不如说是信息技术的智能化应用，包括人的智慧活动、以人为本、可持续发展等核心思想。伴随信息网络的崛起、移动技术的融合发展以及创新的民主化进程，知识社会环境下的智慧城市是继数字城市后信息化城市发展的高级形态（图4-9）。

智慧城市统一整个城市智能生态系统

为了真正创建智能和可持续发展的城市，我们必须将整个生态系统相结合。通过融合所有层面的新技术，确保终端用户可无缝享受智慧城市带来的优越体验

智能建筑

通过无缝收集电力、安全、入住率、用水、温度等相关高级数据，我们的智能建筑算式可为管理者提供更全面的洞察和控制能力，从而最终实现缩减成本、提高效率和优化各类系统的目的

智能运输

无论是实时更新交通拥堵与道路危险的相关信息，还是通过更好的交通管理减少二氧化碳排放、定位停车位或电动车辆充电位，我们正通过智能运输解决方案，不断强化次世代联网车辆和基础实施的安全性和便利性

智能基础设施

通过智能基础设施，我们可以更好地维护和管理城市基础设施和运行效率，从而降低提供水供电所产生的风险及成本

智能能源

在智能节能方案的支持下，我们可在智能电网中安装智能电表，简化能源的实时监控和管理，在节省城市开支的同时减少排放

图4-9　智慧城市统一整个城市智能生态系统

随着移动通信设备的深度普及以及移动互联网应用的飞速发展，在智慧城市中已经有了许多面向广大民众的智能应用，衣食住行、吃喝玩乐无所不包。比如用户可以更加方便地获取实时交通信息；基于这些设备和应用获取的海量用户实时位置信息，管理者可以更加及时准确地了解公众交通需求，为设计更合理的交通运行诱导提供数据支撑。在此背景之下，网约出租车、共享出行、共享单车、定制公交等新型商业模式应运而生，并且迅速获得广大出行者们的青睐。随着车辆技术、通信技术、大数据技术和人工智能技术的发展及其与移动互联网技术的结合，车路、协同，无人驾驶等高级阶段的交通应用也开始逐渐走入日常的交通场景。与此同时，传统的交通规划与管理模式也需要借助移动物联网的快速发展而升级换代，“共享模式”已经成为我们日常生活中的一部分，随着未来技术的发展，它还将更加深入地影响和改变人类的出行模式（图4-10）。

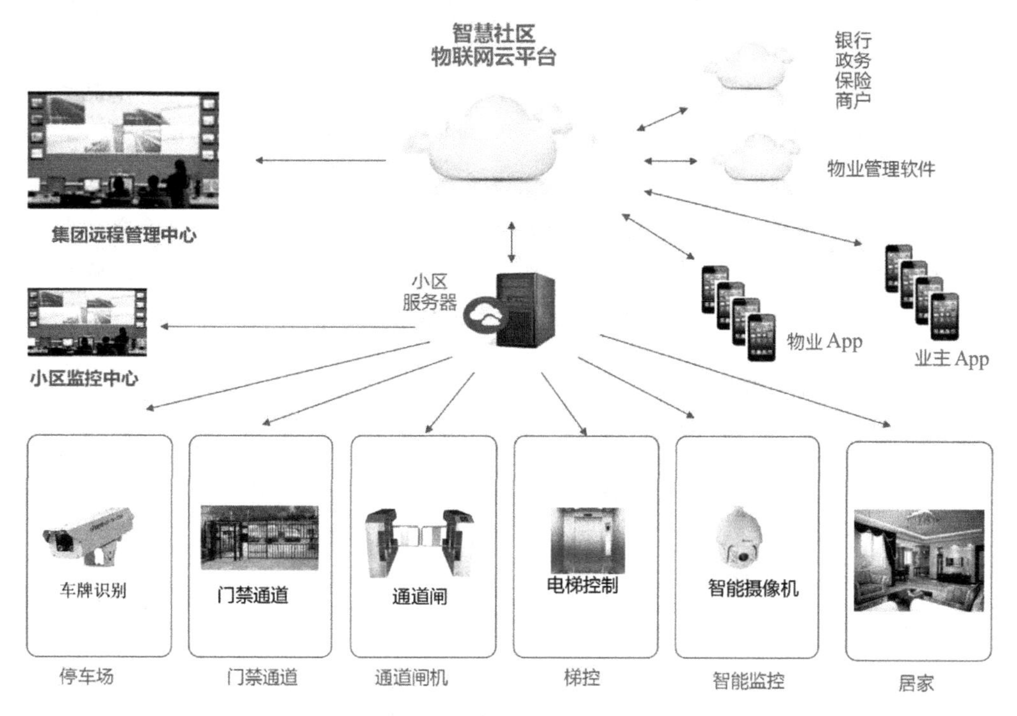

图4-10　智慧社区的物联网系统

【案例4-3】上海英枫：构建社区新能源汽车服务生态，创新社区化共享模式

自2014年以来，国家出台了一系列重大利好政策来支持新能源汽车产业的快速发展及电动车在国内市场上的快速普及。由于新能源汽车在使用过程中涉及充电、残值评估等一系列问题，因此个人持有新能源汽车的意愿相对落后于国家政策的扶持力度。在这种背景下，社会化共享分时租赁模式的出现，解决了一部分新能源汽车使用的问题。但是，分时租赁模式自身也有无法克服的瓶颈和矛盾，特别是在前期车的数量有限的情况下，很难解决便利性与覆盖密度的问题，导致当下分时租赁模式的企业普遍遭遇困境，几乎都处于“烧钱”状态。

为什么分时租赁模式推进很艰难？原因在于它一开始就干了社会化共享的事。社会化共享一定是建立在多个社区社会化共享的基础上的。如果没有社区共享的基础，社会化共享的成本始终居高不下，这个行业就很难扩张。

上海英枫汽车销售服务有限公司（以下简称“英枫”）是奇瑞新能源在上海地区最大的经销商。2016年以来，当社会化的分时租赁共享用车如雨后春笋般在市场上铺开的时候，上海英枫却用两年时间进行摸索，踏实地走出了一条独具特色的社区化共享汽车之路，利用其全方位、多维度的生态能力，构建起基于云计算、大数据和物联网技术的社区新能源汽车服务生态，成为中国社区化共享性的人用车服务平台领先企业。

社区化共享的优势

社区化共享是实现社会化共享的必经阶段。社区是人和车的交汇点，也是家庭和车的交汇点，是移动智慧生活和固定智慧生活的交汇点，也是空间和服务的承载体。社区资源具有丰富性、多样性和异质性的特征。社区共享的范围与边界是有限的，来自社区，回归社区，社区服务的公共物品具有社区基础设施的特征。社区具有的优势也很明显，包括空间优势和用户优势两方面。空间优势是指地方是公共的服务，叠加的人员和成本可以有效降低；用户优势是指贴身的、随处可得到大量的用户。当社区内的

多样性资源足够丰富的时候（如车、充电桩、停车位等），社区化的共享才能实现，把车变成整个社区的基础设施，真正成为整个社区共享的产品和服务（图4-11）。

新能源汽车服务生态布局

1

2

3

4
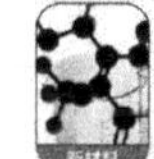

5

图4-11　新能源汽车社区化共享的优势

引导共享出行理念，改变出行模式

英枫基于自身完整的销售、租赁运营、售后维护系统的循环，通过家庭第二辆车置换，引导大家改变出行模式和新能源用车习惯。根据实际的运营数据，一辆共享的新能源汽车可以帮助3～5户家庭，这样当家庭想买第二辆或第三辆车解决短途代步的时候，就不用再购买，而是转到利用新能源车出行的消费轨道上来。

从物业的痛点入手切入社区，创新用车服务产品

对物业管理公司而言，收不到物业费是当前最大的痛点。英枫进入社区，就将通过开发服务产品来帮助物业管理公司持续收到物业管理费作为切入点。英枫深度挖掘社区服务需求，开发了一系列社区用车服务产品：送老人去医院看病的用车服务（陪护老人去医院看病）。送小孩去学校的用

车服务（送小孩上学）。家庭医生用车服务（把医院的资源叠加在车上，把医生的病历书写变成一个电子化的软件，从而产生新型的服务价值）等。以送老人看病用车服务为例，作为硬件的汽车本身带来的价值可能只有几十块钱，但是服务产生的价值却是几百块钱，服务和工具的叠加，就产生了新型的服务价值，这个价值是多方共赢的，每一方都受益。物业管理公司为什么愿意合作？因为本质上这些新型服务产品给物业带来了一系列的增值服务（包括充电服务费提成、用车服务费提成、奖励用券“英枫币”等）。

真共享："储蓄时间"计划

区分“共享”与“我共享”的标准很简单：第一，看是不是基于闲置的资源（包括时间）；第二，看是不是既是生产者同时也是消费者。英枫跟物业管理公司联合创新发起了“储蓄时间”计划：“你以为人家提供开一个小时车的服务帮助别人，别人也为你服务一个小时，例如免费换灯泡、通下水道”；“我为别人服务，我用车的时候获得免费或优惠的机会”。上述提到的送老人和小孩的用车服务产品，就是基于“储蓄时间”计划。真正的共享，既享受服务，也提供服务。因此，英枫的App既有公众端又有客户端，提供服务的是公众端，享受服务的是客户端。把线下闲置的物业人员和小区有驾驶证的人员（特别是有驾驶证的退休人员，有大量的空闲时间）整合到英枫的用车平台上，利用碎片化的时间为别人服务，提供诸如挪车或代驾服务，从而在社区服务的多个方面都可以得到回报。这样一方面实现了社区闲置资源的有效共享和配置，另一方面满足了诸如“4-2-1家庭”越来越急迫的近距离服务的需求。

新能源公务用车服务

从2015年起，英枫启动了政府公务用车服务市场的开发，覆盖了公安、质监、工商、城管、环境监督等部门用车。通过调研发现，政府公务用车也有共享用车的空间。以治安巡逻警务用车为例，英枫将自己持有的新能源车租给政府公务部门，政府购买用车服务，并且跟主机厂合作可以满足定制化的要求，如在车辆外部加装LED显示屏、对于巡逻车速控制在60km/h以内等。目前，新能源巡逻警务用车服务已覆盖上海金山、浦东、松江等6个区，在一定程度上降低了犯罪率，不仅强化了社会治安，也给政府管理节约了成本，满足了公车改革后政府用车的新需求。

服务叠加实现渠道扩展

服务即渠道，把渠道建设在服务中，通过服务的叠加来扩展渠道。这方面是英枫的核心能力，体现在多个层级、多个维度。通过将华山医院等上海一流医院的医疗资源整合进入社区做义诊，把各个盈利环节整合到用车服务平台之上；通过进入社区，跟中粮等食品企业合作，用户可以在用车平台上预约购买食品，到线下租赁点来取货，形成物联网电商的模式；英枫线下近200家门店帮助金山当地果农销售因丰收而滞销的水果，拓展服务用车的新渠道；跟上海松林肉食品有限公司合作，将用车服务的价值与肉、大米等农产品的价值进行兑换，完成了“人-车-后装市场-商品”的互联网变身，创造了独特的服务模式和盈利模式。此外，还整合第三方提供的周边服务并将其叠加，如社区周边洗车、保养等车后小型独立服务等，带来了因渠道扩展而获得的盈利共享。

以软件和服务平台为核心优势，构建壁垒，形成服务闭环

英枫开发了基于新能源汽车原厂T-BOX技术的新能源汽车应用管理平台，基于物联网和传感器技术的车辆原装T-Box模块，如何测量BCM（车身控制器）和对接CAN（控制器局域网络）总线信息，不仅是面向工控对象，提升车辆在线监控，满足行车安全距离需要的工具，更是实现车联网，打造智能化交通服务和管理平台的基础。同时开发完成了新能源汽车后市场服务网点管理系统和分时租赁运营系统。以线上、线下相结合的方式（线上通过物联网传感器技术、云后台管理系统、移动终端App的综合性技术应用，线下依托分布于全市各区实体网点的网格化服务支撑功能），实现区域内新能源汽车随借随还，为区域内市民提供绿色环保、安全、成本低廉而又方便快捷的共享租车服务，同时对公交系统“最后一公里”的难题提供了尝试性的解决方案。该系统的特点在于：车控设备前装，节省成本，提高安全性；软硬件相结合，相辅相成；模块化管理，针对不同行业特点组合不同模块；实现人、车、充电桩、服务网点互联互通；操作界面简单，

使用方便，一目了然。

构建社区新能源汽车服务生态

新能源汽车服务生态涉及车从哪里来、充电怎么解决、停车怎么解决、维修保养怎么解决等一系列基本问题。英枫通过自己的摸索，采取了不同的创新思路来组织和整合这些要素和资源，设计出不同的生态用车方式。采取网络在线管理并无缝对接车联网，其线下实体店和专业服务团队实施“7×24小时”快速响应，为公务车保驾护航，为个人用户提供最贴心的服务，为运营车辆提供网格化、属地化保障。以充电桩为例，协同解决充电桩运营商的痛点。面向营运车辆的充电服务是刚需，能够确保充电桩的活跃度。英枫跟国家电网合作，帮助国家电网把睡眠桩激活成为出行桩，带着国家电网一起进社区，打通了充电环节，成为国家电网的唯一合作伙伴，大幅提升了平台充电桩的数量，使得运营车辆的充电变得方便快捷，解决了充电桩的问题。再如，探寻车辆残值的解决方案，把电池的回收作为光伏等清洁能源的储能；在金山策划建立一个光伏停车场，把种水果的温控建成光伏的，这样水果成熟可以由一年2～3次变成一年4～5次。把电再卖给国家电网，实现再获利。这样就形成了一个“新农村-新能源-微店网”的创新服务生态。随着新型服务产品的开发和用车服务平台的不断完善，服务开拓的渠道，带动了英枫新能源汽车的销售和租赁的提升，目前租赁占到总量的2/3，销售占到总量的1/3。

英枫的社区共享服务创新之路，在多个层级、多个维度展开，始终保持着整个系统资源的良好融合。此外，发挥大数据和云服务的优势，延伸拓展基于智慧家庭、智慧社区（医疗、养老、教育、娱乐等）来提升生活质量的其他内容。英枫的社区化共享之路与分时租赁最大的区别在于：一个是服务的逻辑，一个是商品买卖的逻辑。服务的逻辑产生的结果是，硬件产品在消费者心目中逐渐弱化，而服务产品在消费者心目中得到强化。英枫的案例正是基于服务的需求来构建和丰富生态，同时也构建了多元的渠道，既有服务的渠道，也有产品的渠道；既有硬件的渠道，也有软件的渠道。

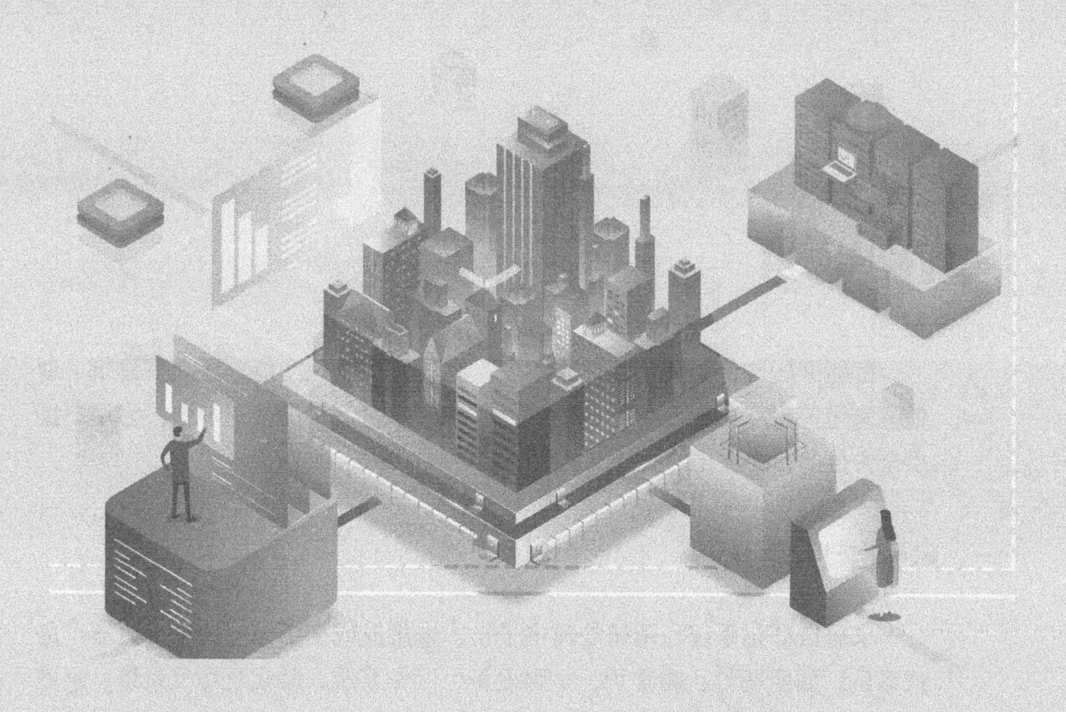

第五章

智慧环境点亮智慧生活
——智能环境生态圈

第一节
智能家居系统

智能家居与传统住宅相比，不仅具有传统的居住功能，还具有建筑、通信、家电等设备的自动化控制功能，并能够学习用户的使用习惯，为用户提供全方位的、个性化的服务。

一、家居自动化系统

家居自动化系统利用微处理电子技术来集成或控制家中的电子电器产品或系统，如照明灯、咖啡炉、电脑设备、保安系统、暖气及冷气系统、家庭影院及音响系统等。家庭自动化系统的核心是一台控制主机通过许多界面来控制家中的电器产品，这些界面可以是键盘，也可以是触摸式荧幕、按钮、电脑、电话机、遥控器等，用户可发送信号至中央微处理机，或接收来自中央微处理机的信号。例如：早期家庭自动化系统可以通过双音频电话（使用双音多频拨号的电话机）输入密码来控制家居安防系统的布防与撤防。

家庭自动化系统目前仍然是智能家居的一个重要组成部分。在智能家居刚出现时，家庭自动化甚至就等同于智能家居，但随着物联网技术在智能家居中的普遍应用，以及网络家电、信息家电的成熟，家庭自动化的许多产品功能将融入到这些新产品中去，从而使单纯的家庭自动化产品在系统设计中越来越少，其核心地位也将被家庭网络系统所取代，它将作为家庭网络中的控制部分在智能家居中继续发挥作用。

二、家庭网络系统

家庭网络（Home Networking）系统并不是指家居中的“局域网”，局域网是连接家庭里的电脑、移动终端、网络电器设备以及因特网的网络系统，它只是家庭网络的一个组成部分。家庭网络是在家庭范围内将PC（个人计算机）、家电、安全系统、照明系统和广域网相连接的一种新技术。当前在家庭网络中所采用的连接技术可以分为有线和无线两大类。有线方案主要包括双绞线、同轴电缆连接、电话线连接、电力线连接等方式；无线方案主要包括红外线连接、蓝牙连接、Zigbee无线通信连接、基于RF（射频）技术的连接和基于Wi-Fi无线网络的连接等方式。

家庭网络与传统的办公网络相比，加入了很多家庭应用产品和系统，如家电设备、照明系统、音视频系统等。由于涉及的厂商及产品种类数量较多，因此目前相应技术标准也错综复杂、难以统一。

三、网络家电

网络家电是将普通家用电器利用数字技术、网络技术及智能控制技术设计改进的新型家电产品。网络家电可以实现互联，组成一个家庭内部网络，同时这个家庭网络又可以与外部互联网相连接。网络家电技术包括两个层面：一是家电之间的互连问题，也就是使不同家电之间能够互相识别、协同工作；二是解决家电网络与外部网络的通信，使家庭中的家电网络真正成为外部网络的延伸。

要实现家电之间的互联和信息交换，就需要解决以下问题。

① 可准确描述家电信息的数据通信协议，使得数据的可靠交换成为可能。

② 信息传输的媒介。目前常用的解决方案有：电力线、无线射频、双绞线、同轴电缆、红外线、光纤等。

市场中常见的网络家电包括网络冰箱、网络空调、网络洗衣机、网络热水器、网络微波炉、网络炊具等。网络家电是家庭网络中的重要组成部分。

四、信息家电

信息家电是一种价格低廉、操作简便、实用性强、带有部分个人电脑功能的家电产品。利用电脑、电信和电子技术与传统家电（例如：电冰箱、洗衣机、微波炉、电视机、音箱等）相结合的创新产品，是为数字化与网络技术更广泛地深入家庭生活而设计的新型家用电器。所有能够通过网络系统交互信息的家电产品，都可以称为信息家电。音频、视频和通信设备作为家居中用户使用频率最高的电子设备，是信息家电的重要组成部分。此外，其他生活电器也将变成数字化、网络化、智能化的信息家电，例如云米全屋互联网家电推出的全屋网络家电方案就已经包含了冰箱、抽油烟机、燃气灶、净水器等电器。

信息家电产品实际上包含了网络家电产品，但信息家电更多的是指带有嵌入式处理器与软件的信息设备，它的基本特征是与网络连接从而具有一些特定功能。而网络家电则指具有可通过网络完成操控功能的家电类产品，网络家电是原来普通家电产品的网络控制版本。

信息家电由嵌入式处理器、嵌入式操作系统、显卡、存储设备等硬件以及应用层的软件所组成。信息家电把电脑的部分功能提炼出来，设计成应用性更强、操作更加简便的家电产品，信息家电可以使得不同设备间的数据实现共享，用户随时随地掌控全屋信息。

智能家居系统由家居自动化系统、家庭网络、网络家电、信息家电等部分构成，从功能上来看包含的主要子系统有智能家居管理系统、家庭网络系统、家居照明控制系统、家庭安全防护系统、环境音乐系统、家庭影院系统、家庭环境控制系统等。其中，智能家居控制管理系统、家居照明控制系统、家庭安防系统是智能家居的必备组成部分，只有具备了这几项基本功能的智能家居产品才能真正称之为智能家居系统。

第二节
智能家居控制方式

一、有线电话远程控制

有线电话作为家庭中使用最普及、连接最可靠的通信设备，很早就被用于家居电器设备远程控制。通过有线电话线路传送双音多频（Dual Tone Multi Frequency，DTMF）或者频移键控（Frequency-shift Keying，FSK）信号到家中安装的控制主机，主机可以实现对室内的各种家用电器进行控制以及安放系统的布防撤防。这种控制方式的优势是：利用现有有线电话线路，不需要单独布线，安装简单；操作时使用任意电话终端，不受距离的限制，不需要单独开发操作界面。但这种方式的安全性较低，且不便于做复杂的交互操作，随着移动电话的普及以及设备操作复杂度的提升，这种控制方式已经不再普遍应用。

二、网络远程控制

互联网络近年来已经走入很多家庭，连接到互联网的设备可以不受距离限制，在手机、平板电脑等移动终端或者台式计算机上通过特定的操作界面进行控制。随着家用互联网的迅速提升，设备与控制终端之间的数据传输不再受到网络速度的限制，甚至可以做到流畅的高质量音视频双向传输。网络传输除了具有较高的传输速度，传输数据也可以选择丰富的加密措施，使得网络成为目前智能家居最方便的远程控制手段之一。

网络远程控制通常通过以下方式实现。首先，控制终端连接家中的网关设备（通常为家中安装的入户路由器），所有控制数据通过网关转发到智能家居主机，主机再根据控制指令控制相应设备工作（图5-1）。

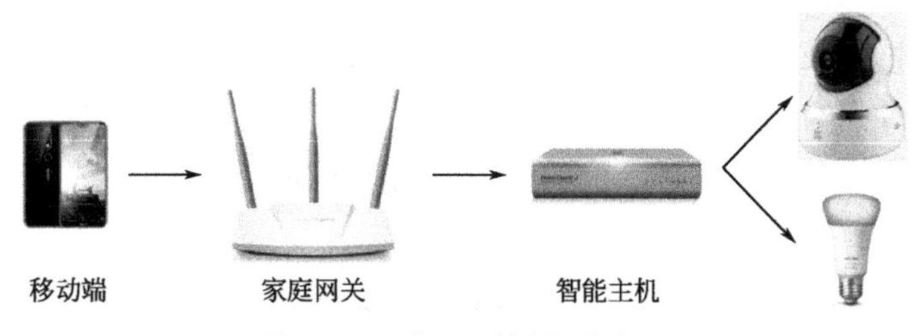

图5-1　网络远程控制智能家居

这种连接方式的优势是控制终端与被控设备直接连接，数据可以做到实时传输。但是这种方式需要用户知道网关设备的网络地址，由于网络地址资源有限，因此目前网络服务商通常为个人用户分配的是动态网络地址，虽然有服务商提供动态域名解析这类服务，但用户也需要具备基本的网络知识，这就导致普通用户不便使用这种方式控制智能家居设备。

为了解决这个问题，物联网服务商搭建了网络云平台，控制终端和家庭智能设备都与云平台通信，而云平台的网络地址是用户很容易获得的，这样用户可以随时通过云平台与家中的设备建立起连接（图5-2）。

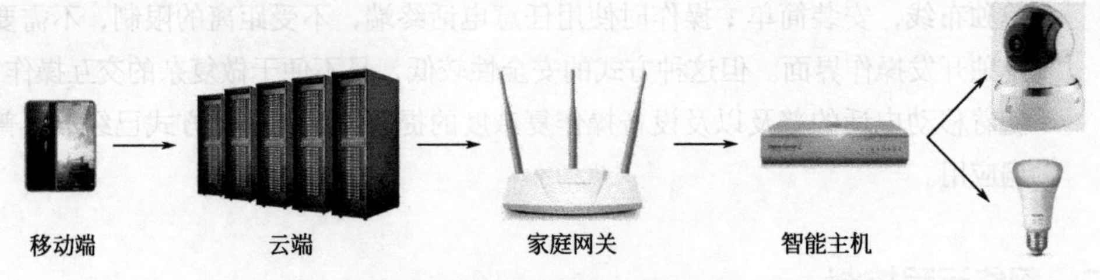

图5-2　通过网络云端控制智能家居

这种通过云平台进行控制的方式被目前市场中很多主流智能设备所采用，除了用户连接方便这一优势以外，云平台通过统一的通信接口数据格式规范了接入平台的所有设备间的通信方式，为智能家居系统接入不同厂家的设备提供了可能。

三、设备间的无线连接

控制终端到家中智能主机之间普遍使用了互联网络连接，解决了距离给智能家居控制带来的困扰。但室内智能主机到被控设备之间的连接网络不是唯一或最优的选择，部分设备也采用了有线或无线网络来与智能主机进行通信，但网络连接方式需要提前布线或设置无线接入点，在不具备这些条件的环境下使用有一定的局限性。为了减少安装时对网络条件的限制，一些设备与主机、设备与设备之间的连接使用了诸如Zigbee、Z-Wave、RF等无线连接方式。

其中Zigbee连接方式采用2.4G Hz频段进行通信，通信距离在百米以内，实际产品通常应用在60米以内。Zigbee的优势是设备间可以自组网络，安装灵活且设置简便。但Zigbee设备信号在有障碍物的时候会明显减弱，所以在结构复杂的建筑环境内使用时需要适当配置中继节点辅助信号传输。

Z-Wave采用了较低的通信频率（美国908.42MHz，欧洲868.42MHz），避开了很多设备使用的2.4G Hz频段，从某种意义上来说减少了其信号被干扰的可能性。Z-Wave的通信距离与Zigbee接近，由于技术设计之初就定位于智能设备控制，因此目前已有很多设备生产厂家采用了Z-Wave通信技术。

RF无线通信技术与Zigbee和Z-Wave技术相比较，是一种非常成熟的无线通信技术，常用315MHz、433MHz、915MHz等频段，由于其结构简单可靠且成本低廉，因此广泛应用于一些设备的启停控制，例如窗帘、门窗、车库门等的开合控制。

第三节
智能家居单品

一、灯光控制类产品

实现对全屋灯光的智能管理，可以用遥控、定时、传感器感应等多种智能控制方式实现对灯光的开关、调光控制，以及按照“会客”“影院”等应用场景来定义的一键式灯光启停控制；此外互联网本地控制、远程控制与移动终端的远程控制等也是常用的控制手段（图5-3）。

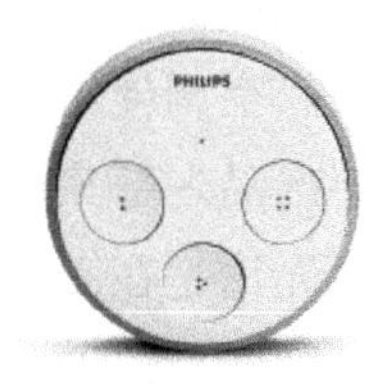

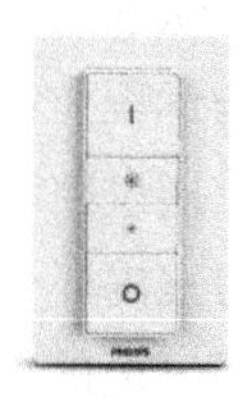

图5-3　智能灯光类产品

例如飞利浦“秀”（Philips Hue）系列智能照明产品，包含了灯带、灯泡、台灯、吊灯、开关、调光器以及人体感应开关等一系列产品。通过手机端的飞利浦“秀”应用程序，对系统中连接的灯具可以实现色温、亮度调整；可以根据人员位置打开或关闭指定灯具；可以实现自定义场景的不同灯光效果；可以定时启停照明或切换照明方式。

该类产品的特点从用户应用上来看，室内灯光可以多点控制、远程控制、区域照明一体化控制，用户使用非常便捷；电路通过弱电控制强电的方式，控制电路与负载电路分离，照明系统采用模块化结构设计，安装时简单灵活，不需对现有电路做相应的改动；当用户需求发生变化的时候，只需从软件端修改设置就可以实现灯光布局的改变和功能调整。

二、电器控制类产品

电器控制类产品可以通过电源开关、红外遥控等方式实现对家中电源插座、饮水机、空调、地暖、投影等系统的功能控制。例如：定时启停饮水机电源，避免饮水机在夜晚反复加热影响水质；在外出时断开插排电源，避免电器发热引发安全隐患；对空调、地暖、新风系统进行定时或者移动端的远程控制，使得用户到家后马上可以享受舒适的温度和新鲜的空气（图5-4）。

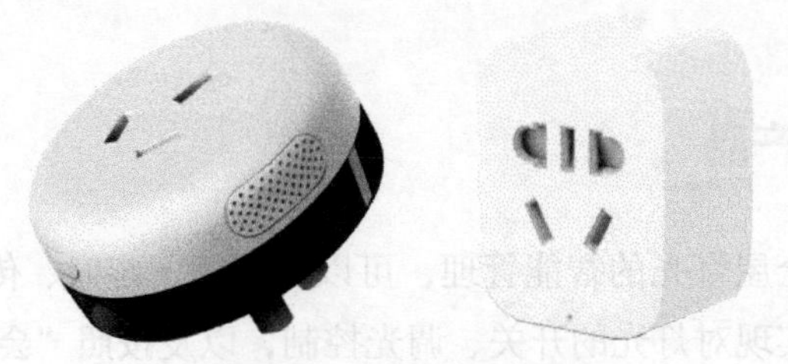

图5-4　智能插座类产品

例如小米的“米家”系列产品中的智能插座和米家空调伴侣。智能插座可以通过手机端软件开关插座电源，饮水机等通过电源通断即可控制的电器设备都可以通过这款插座进行定时与远程控制。米家空调伴侣则可以通过红外遥控方式对接市场主流空调产品，通过空调伴侣产品内部集成的传感器模块可以主动调整空调工作参数，使得室内环境温度无论是在工作时段还是睡眠时间，都可以始终保持在人体感觉舒适的范围。同时，该产品还可以计算空调消耗功率，使用户时刻掌握能源消耗情况。

该类产品通常都不需要对现有家用电器进行替换，可以适配市场主流家用电器，便于用户依据个人需求自由搭配。而通过红外信号作为控制方式，可以适配空调、电视、机顶盒等能够接收红外控制信号的电器设备，从而对电器进行除开关以外更加精准的控制。

三、安防监控类产品

随着生活水平的不断提高，人们越来越重视人身安全和财产安全。同时，由于现代人工作生活节奏加快，对家中老人、儿童的实时看护要求也越来越高。在这种大环境下，智能家居中的家庭安防监控产品占有不可替代的重要位置。

工业视频监控系统早已广泛地应用于银行、商场、车站和交通路口等公共场所，但传统的视频监控系统通常只是提供录制视频图像的功能，只能用作事后取证，并没有充分发挥监控系统的实时性和主动性。而智能家居系统中的安防监控类设备能够提供实时分析、跟踪、判别监控对象的功能，并在异常事件发生时提示用户。

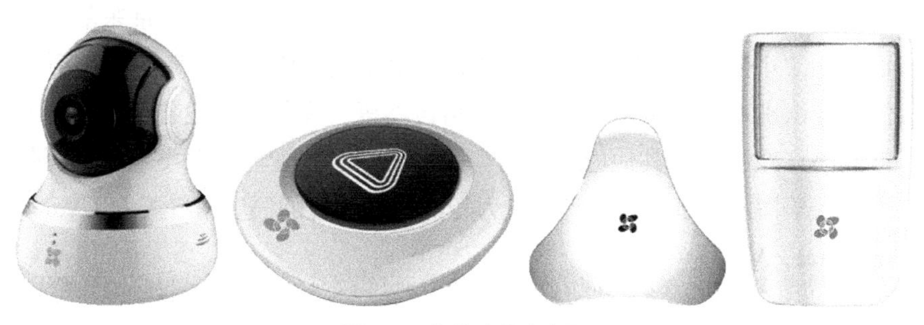

图5-5 智能防控类产品

例如萤石（EZVIZ）的安防监控产品C6B摄像头可以主动追踪声源并跟踪拍摄到的目标，实现远程音频通话，布防后发现运动物体可以拍摄取证并向用户移动设备推送报警信息（图5-5）。T3紧急按钮按下时向用户指定手机发送报警信息。其安防产品还包含了T1红外报警器、T10漏水报警器、T2与T6门窗开闭报警器等。

家庭安防监控类产品针对家庭应用场景，提供了室内非法入侵、漏水、可燃气体泄漏、老人儿童的实时监看以及紧急情况报警等功能，结构简单便于用户自行安装。

四、音乐类设备

图5-6 智能音箱产品

家庭音乐系统与公共环境的背景音乐系统功能类似，可以将MP3、FM、CD、电脑等多种音源进行自由切换，并针对个人用户的使用特点进行优化设计（图5-6），使用户在家庭任何一间房子里（例如庭院、客厅、卧室、厨房或卫生间）通过移动设备控制甚至语音控制都能听到音乐。此外家庭音乐系统除了音乐播放功能以外，还可以起到很好的装饰作用。

例如SONOS的SONOS ONE音箱可以灵活组合，单只或多只音箱组合使用，通过移动端进行控制，用户可以在多个音箱自由切换播放指定音乐列表。SONOS的SONOS CONNECT主机可以接入FM、CD、MP3等音源，通过移动端软件可以与不同房间内的SONOS音箱连接播放音乐。

目前很多智能音乐类产品，例如小米的“小爱同学”、京东的“叮咚”、百度的“小度”、亚马逊的“ECHO”、苹果的“HomePod”等，都引入了自然语音识别功能。用户可以直接使用自然语言操作音乐设备播放，甚至通过自然语言控制室内其他已接入的智能设备。这些智能音乐类设备不再仅仅是一个音乐播放设备，它们已经成为智能家居系统的语音用户界面（Voice User Interface，VUI）。

五、数据存储及共享类设备

如今我们已经进入了一个数据爆发性增长的时代。对个人用户来说，不断增加的高清家庭数码照片、数码视频，高质量的数字音乐和数字电影，以及其他在工作生活中需要储存的数字资料将个人用户的数据存储需求提升到了前所未有的高度。传统的移动存储设备通常容量不大，且数据存储与读取需要计算机来参与操作，不能满足个人用户大量数据频繁的存储与分享需要。此时，网络附加储存（Network Attached Storage，NAS）被引入了家庭数据存储设备市场（图5-7）。

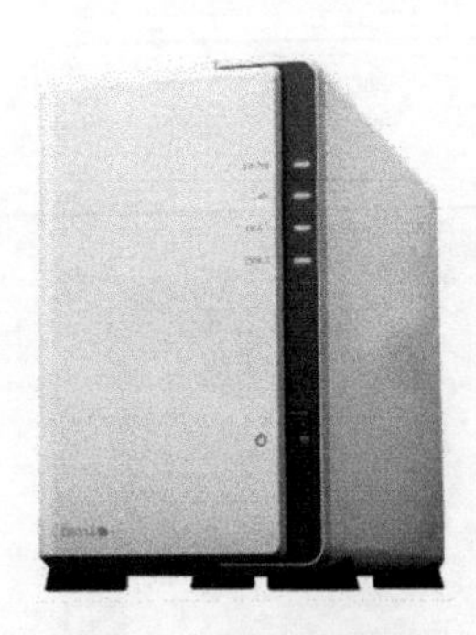

图5-7　网络附加存储

例如群晖（Synology）的一系列NAS存储设备通过家庭局域网络与其他数据应用终端相连接，手机、平板电脑、计算机可以通过特定的软件界面在NAS设备上完成数据存取操作，在千兆局域网的情况下存取速度可以达到约100MB/s。此外，带有网络功能的电视机、音响、投影等设备可以通过网络直接播放NAS设备分享的各类媒体文件。此时的网络存储设备也可以看作是家庭网络中的数据媒体中心。NAS安装简单，使用现有家庭局域网络不用单独布线；NAS功耗较低，其硬件本身功耗要远远低于计算机，且待机时可以关闭不必要的硬盘进而降低功耗，不用担心长时间待机带来大量能源消耗。NAS可以跨平台使用，其数据存取通过互联网络通信协议完成。无论是Windows、OS、iOS还是Linux或其他平台，只要能够使用互联网络通信协议的操作系统都可以通过NAS存储与分享数据。

六、可视对讲类设备

可视对讲类产品已经比较成熟，市场中可以找到大型联网对讲系统，也有单独的对讲系统。按照安装房间数量的不同，有一拖一（一个摄像端对一个室内设备）和一拖多（一个摄像端对多个室内设备），以方便不同面积居室的安装使用。从功能上来看，一般实现的功能是可呼叫、可视、语音对讲等功能。

图5-8　智能猫眼监控设备

例如萤石推出的DP1可视对讲设备，可以安装在门的猫眼位置以便于现有入户门的改造，并可以与移动端软件绑定，除了传统的门铃呼叫、可视对讲等功能，还带有红外夜视、人体感应报警、人脸识别、拍照录像以及移动端远程视频对讲等功能（图5-8）。

七、老年人、儿童的关爱类设备

随着人口老龄化问题的日趋严重，以及人们日常工作压力的增加，老年人的陪护与儿童的看护成为家庭中一个非常重要的问题。市场中不断涌现从各类手环到视频对讲机器人这样的老年人与儿童的关爱类产品。

例如"小鱼在家"视频通话机器人搭载了百度语音技术，可以进行人脸或声音的跟踪识别、多方视频通话、互动社交分享、家庭生活助手、儿童教育以及家庭娱乐等功能（图5-9）。"小鱼在家"由摄像头、主屏幕和机体组成，配

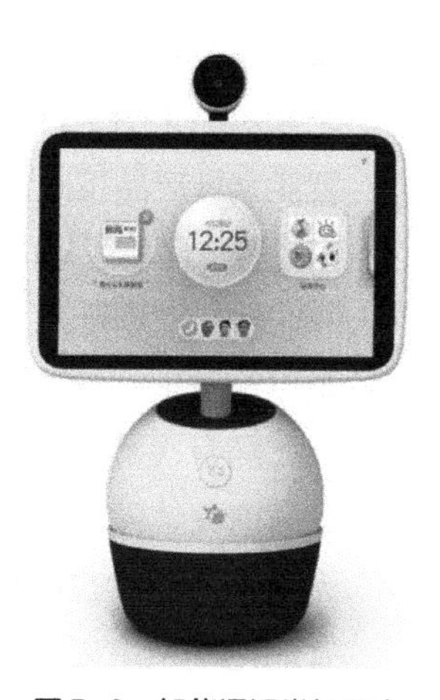

图5-9　智能通话类机器人

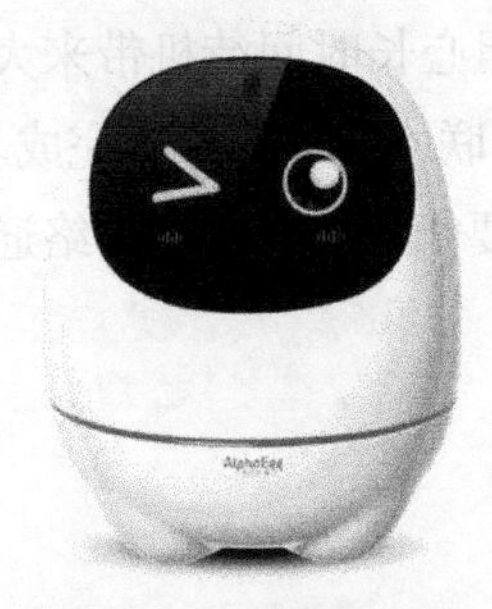

图5-10　智能通话及教育类机器人

备了智能语音助手，可以通过自然语言指令进行人机互动，也可以通过相连接的移动端App进行远程操作，它为儿童与老人专门设计的交互界面操作简单，可以让用户通过该设备随时与家中的老人儿童进行音视频通信。

此外，科大讯飞推出的“阿尔法蛋”系列视频通话机器人除了远程与移动端的视频语音通话以外，还集成了云端的海量教育资源，主要面向儿童教育市场，从0岁到6岁的早教，再到16岁的学习陪伴均有覆盖（图5-10）。

第四节 智能家具

家具是人们日常生活中必不可少的器具，几乎所有的生活起居情景都有相应的家具产品参与其中。正是因为家具具有这种与生活密不可分的属性，因此用户对智能产品与家具的结合有着非常明确的需求。智能家具与传统家具的不同之处在于，智能家具根据家具自身使用场景的不同，整合人工智能技术与产品，打破了传统家具较单一的使用方式，可以在特定使用场景中为用户提供舒适、便捷以及个性化的使用体验。甚至有些智能家具产品通过把家具功能进行拆分，设计不同的功能模块，每一个模块都是具有特定功能的一件产品（图5-11）。智能家具可以由不同的功能模块进行组合。目前常见的智能家具产品按照使用情景主要分为智能卧室家具、智能办公家具、智能客厅家具等；而所采用的技术主要有自动化控制技术、信息技术与物联网技术等。

例如，以卧室为应用场景的智能床具、智能床头柜主要关注的是用户睡眠以及睡前阅读的需求。常见的解决方案大都提供了睡眠期间的持续心律监测、翻身次数监测，可以通过移动端上传数据并反馈健康建议，同时可以提供睡前阅读的照明以及夜间照明功能，考虑到睡眠期间移动设备的充电需求，无线充电方案也是比较基础的配置（图5-12）。以客厅为应用场景的智能桌、智能电视柜主要关注的是会客与娱乐需求，常见的解决方案通常是提供移动设备的无线充电、蓝牙音乐播放、无线网络覆盖以及家庭数据中心等功能。

图5-11　智能家具的常见功能模块

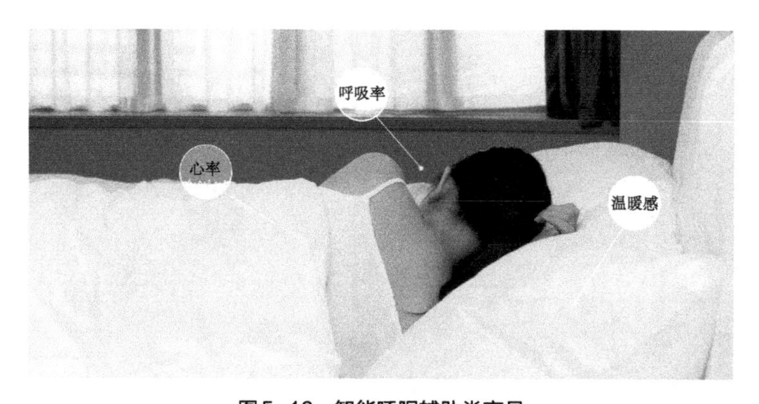

图5-12　智能睡眠辅助类产品

以办公为应用场景的智能办公桌、智能座椅等，除了无线网络、数据中心等功能，大多会提供坐姿监控或者工作时长的监控，必要时为用户提供相应的警告信息。除此以外，智能家具还会集成物联网控制的功能，为用户提供触摸、手势等操作界面，使用户可以通过智能家具便捷地与室内其他智能设备通信，从而实现全屋设备的远程控制。

智能书桌

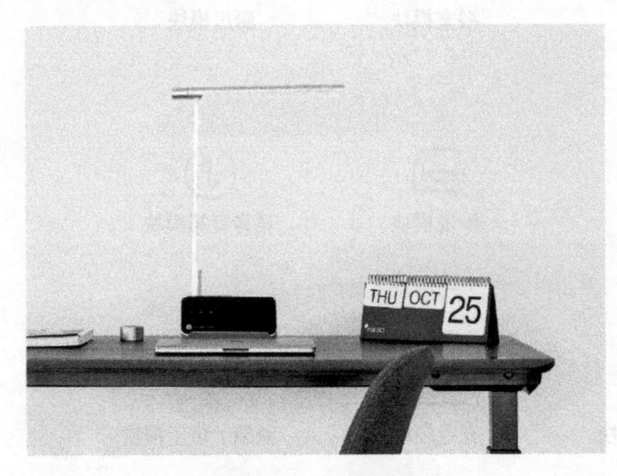

图5-13 智能书桌

37℃智能书桌是一款具有阅读模式、电脑模式和专注模式的智能办公桌。它可以根据人们的工作姿势和状态的变化进行适当的高度调整。智能办公桌的高度调整完全由手势控制。配备智能灯系统的智能办公桌可为不同的工作条件提供适当的照明。桌面控制模块利用红外线感测用户的坐姿，防止用户由于坐姿不良而导致身体疼痛（图5-13）。

双人床

37℃实现无接触、无感感应的智能床。睡眠质量监测以及多种情境模式选择给用户提供更好的睡眠舒适度和卧室体验（图5-14、图5-15）。

图5-14 双人床

图5-15 带有无线充电功能的床头柜

亲子餐桌

37℃亲子餐桌配备内嵌式儿童餐椅，让宝宝能参与到大家庭的用餐中，帮助宝宝更好地学习自己用餐，也满足了宝宝想要参与父母家人活动的愿望。

同时，婴儿餐桌还配备了升降式摄像头，让父母可以与宝宝远程互动，不错过宝宝的成长。另外，婴儿餐桌还可以检测宝宝的体重和体温，帮助父母随时关注宝宝的身体健康状况（图5-16）。

图5-16　智能亲子餐桌

智能音乐茶几

这是一款音乐茶几，是一款将空间美学与实用性完美结合的产品。金属切面外观可满足更多家庭的美观需求，内置音响系统可让用户轻松享受到360环绕声。此外，37℃音乐茶几还配备了无线充电功能，可随时为用户提供手机充电服务（图5-17）。

图5-17　智能音乐茶几

第五节
空气环境质量监测与新风净化器联动控制

家庭室内的环境污染主要来自于粉尘污染：PM10或PM2.5等可吸入颗粒物；有害挥发性物质，如甲醛、苯等；生物性污染，如真菌、病毒等。当这些有害物质在通风不畅的环境下聚集并达到危害身体健康的浓度之后，就会对长期生活在这种环境中的人造成身体健康损害甚至引发各种疾病。越来越多的案例证明，长期工作生活在空气污浊、氧气含量低的环境中会使人感到呼吸不畅且注意力不集中，不但导致工作效率下降，还会导致人体和大脑新陈代谢的能力降低，特别对老人、儿童等免疫力较低的人群危害更大。

出于节约能源和居住舒适性的考虑，现代建筑的密闭性越来越好，因此我们生活工作的环境空气，在没有辅助通风的情况下，容易发生有害物质滞留的情况。室内家具、装饰物加工过程中使用的化学原材料、建筑材料、清洁剂，以及人体呼吸、植物种植的土壤都是污染物来源，并且当室外悬浮颗粒物浓度大于室内悬浮颗粒物浓度时，颗粒物也会随着空气通过门窗缝隙进入室内。因此，及时掌握环境空气质量并采取适当的应对措施，无论是对办公场所还是家庭居室都是非常重要的一项工作。

市场中针对空气质量监测的设备主要针对可吸入颗粒物与有害挥发性气体这两种污染源，这也是目前室内空气污染的两个主要来源。针对可吸入颗粒物的测量方法包含称重法、光散射法、β射线法、压电晶体法、振荡天平法等。考虑到各种测量方法所使用的设备成本以及后期维护成本等因素，民用设备主要采用光散射法来进行测量。采用光散射法的传感器通过光线照射流过传感器内腔的空气中悬浮的粉尘而发生散射，然后使用光电转换器件测量散射光强度，从而得到悬浮粒子数，只要将这个粒子数乘以转换系数就可以得到悬浮颗粒物的浓度值了（单位：mg/m^3）。这种方法测量速度快且设备简单可靠，很多手持检测设备、空气净化器使用的都是这种测量方法，但这种方法受粉尘直径与颜色影响较大，而且不同地区浓度转换的系数不同，这些都会对测量结果造成影响。

针对有害的挥发性有机气体检测常用的方法有光谱分析法、半导体检测法、电化学检测法、比色法等。其中，光谱分析法对设备及环境要求较高，主要应用于实验室的精确测量；比色法不便于电子设备定量分析，因而很多便携测量设备的传感器采用的是半导体检测法。采用半导体检测法设备的传感器以金属氧化物半导体为基础材料，当被测气体在该半导体表面吸附后，引起传感器电学特性发生变化和设备测量电信号的变化，从而转换得出被测气体浓度。半导体传感器体积小测量速度较快，但测量精度往往不高。此外，电化学检测法也是气体传感器常用的一种检测方法，这种传感器通过对离子、分子态物质有选择性响应的电极将有机气体浓度信息转换为电信号，测量设备将传感器输出的信号放大并转换就可以得到相应的气体浓度数据。电化学检测法传感器具有成本较低、测量速度快等优势，但这种方法容易受到空气湿度和其他气体的干扰，且为了保持测量精度，传感器需要定期更换。

为了避免空气污染给室内用户带来的健康危害，通常采用在室内安装新风净化系统的解决方案。新风净化系统一侧使用高风压、大流量风机将室外空气经过过滤、消毒、杀菌、增氧、热交换后向室内送风；另一侧用风机向室外排风的方式，在室内形成流动的气流，以此保持室内较高的空气质量。但是，长时间开启新风净化系统将给用户带来能耗的提升，在室内空气达标的情况下关闭新风净化系统，而当室内空气质量下降则及时打开新风系统，这样会在保障空气达标的前提下有效降低能耗。

目前智能家居产品中，实现空气监测与新风系统的联动要借助支持全屋智能解决方案的智能主机，通过从空气监测模块获取数据，进而控制新风主机启停或调节风速来实现的，例如快思聪（Crestron）提供的新风控制面板及支持Cresnet、Modbus和BACnet通信协议的控制器（图5-18）。对于一些较简

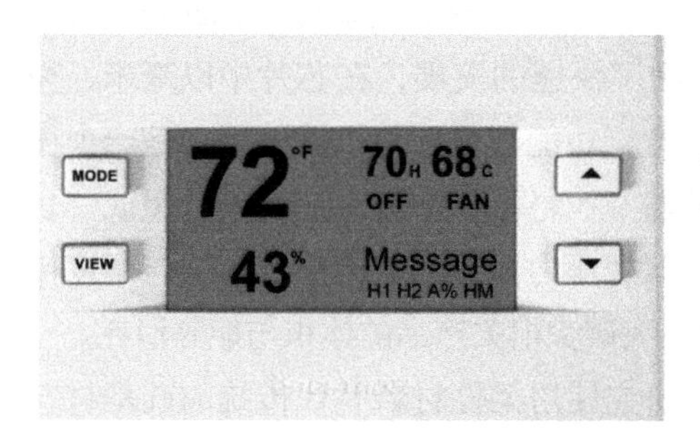

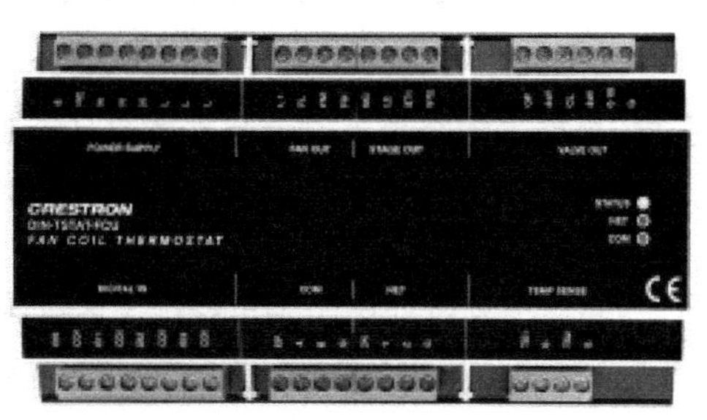

图5-18　快思聪新风控制面板及控制器

单的新风系统可以使用智能开关实现设备启停，而一些大品牌的新风系统通常会提供软件控制协议或可以进行控制协议转换的硬件模块，智能主机只要按照相应的控制协议就可以对这一类新风系统进行精准的操控。

第六节 可穿戴设备：身体健康监测和运动状态监测

可穿戴设备指的是用户可以直接穿在身上，或是整合到用户的衣物或配饰上的一种便携式设备。可穿戴设备不仅仅是一种硬件设备，更需要软件进行支持，甚至需要将数据传输至云计算平台以实现其功能。目前，可穿戴设备多以具备一定计算能力、可连接手机和电脑等各类终端的便携式配件形式存在。主要产品形态包括以头部为支撑的眼镜、头盔、头带等产品，以手腕为支撑的手表和腕带等产品，以下肢为支撑的鞋、腿部产品，以及服装、箱包、配饰等各类产品。

可穿戴设备多由用户随身佩戴，早期应用于医疗领域的身体生物指标监测（例如：动态心电图、血压等）。目前市场上的主要产品功能除了传统的血压、心率监测以外，还延展到血氧浓度监测、运动记步、GPS定位、体温监测等领域。可穿戴设备的发展得益于近年来传感器相关技术的巨大进步。

众所周知，可穿戴设备需要整合在用户的服饰产品之上，有时甚至需要与人体紧密贴合才能实现预定功能。因此，无论是从佩戴的美观性考虑还是从佩戴舒适性考虑，可穿戴设备的核心功能部件都需要更小的体积与更轻的质量，避免给用户带来不良的体验。近年来，微机电系统（Micro-Electro-Mechanical System，MEMS）技术得到了快速的发展，在芯片中以毫米、微米甚至纳米量级为单位，集成了具有特定功能的电子与机械结构，是一个微型且独立的智能系统。它主要由传感器、执行器和微能源三个部分组成。目前常见的有微型麦克风、微型马达、微型压力传感器、微型陀螺仪与湿度传感器，将这些应用于可穿戴设备可以极大减少相关产品的体积与能源消耗。

同时，一些研究机构正在致力于研究使用柔性材料替代传统的硅基材料来制作传感器。例如将光纤材料编织在织物之中，替代传统光电容积脉搏波传感器来测量脉搏，减少了坚硬的硅基器件紧贴人体所带来的不适感。

可穿戴设备在发展过程中也遇到了一些问题需要解决，主要表现在目前市场产品功能较为单一，大多集中在心率测量、血压测量、睡眠监测（睡眠时心率等数据的测量）、运动计步、地理定位等领域；产品工作中测量精度不能得到保证，为了得到更小的重量、更低的能耗、更舒适的佩戴体验，很多可穿戴产品采用了较简单的传感器进行数据采集，这类传感器的精度与专业传感器的采集精度尚有较大差距。此外，传感器采集对佩戴方式和位置也有要求，一些可穿戴产品的佩戴方式为了舒适性做了适当妥协，因此也不能保证可靠的数据采集；另外，数据和服务结合也需要进一步完善。这个理由非常简单，因为用户需要的不仅仅是数据，对于绝大多数非专业用户而言，繁杂的人体生物数据本身是没有任何意义的，通过专业的算法，对采集的数据经过分析从而得出具有专业指导性建议的结果和解决方案对用户来说才是最重要的。特别是针对心率、血压等健康数据，如果不能适时、准确地反馈健康建议的话，这样的可穿戴设备本身对用户来说并没有什么价值。也正是因为用户对可穿戴设备的精度期待通常较高，如果数据不准确，那么基于数据的分析及解决方案都是空谈，从而会降低用户的信任感。

第七节 家庭能源管理

家庭能源管理系统（Home Energy Management System，HEMS）是一种用户侧的能量管理系统。它以确保用户用电安全、减少用户电费支出、提高电网稳定性和安全性为目的，通过调整家庭用电负荷及用户自身配备的储能设备进行充放电来适应电网负荷和电价变化的自动化系统。

目前，我国家庭的能源消耗以电能消耗为主，使用家庭能源管理系统可以让家庭用电设备的管理更智能。家庭能源管理系统对家中用户的位置和行为进行检测和识别，结合人工智能技术对用户的行为习惯进行学习与预测，进而通过控制设备按照用户使用习惯分时段对家庭用电设备实时进行调控，以达到节能减排的目的。

目前，智能家居产品里的能源管理类产品可以满足家庭部分电器的节能需求。例如，现代家庭中大量使用了电视、机顶盒、电脑、显示器、音响、路由器等用电设备，因为每次使用完毕插拔电源插头非常麻烦，很多用户选择始终保持电源插头与电源连接，而很多电器待机时为了能够响应用户的遥控、远程唤醒等操作，在设计时保留部分电路持续工作。此部分电路消耗的能源虽然有限，但是家中多件电器长期的待机消耗，积累下来也是不小的一种浪费。市场中能够找到一种节能型智能插座，将用电设备通过这个插座连接到家中的电源插座上，除了可以实时监看用电设备的能源消耗情况，使用移动端开关电器设备以外，还可以定时断开电器电源，或者自动检测电器的功率消耗，一旦电器功率消耗低于阈值就可以主动断开电源，从而避免长期待机的能源消耗，也可以降低火灾发生的风险。

用户可以设置智能插座的启停规则，使插座按照用户预定的方案工作，而另一些产品可以更加智能地学习用户的生活习惯，自动控制设备工作。例如，NEST恒温器是一款智能恒温器，它可以自动控制暖气、通风及空气调节设备（如空调、电暖器等），让室内温度恒定在用户设定的温度。Nest恒温器内置了多种类型的传感器，可以不间断地监测室内的温度、湿度、光线以及恒温器周围的环境变化，它可以主动判断房间中是否有人活动，并以此决定是否开启温度调节设备。Nest恒温器具有学习能力，它能够学习并记住用户对设备的日常操作的习惯和对室内温度的偏好，自动生成设备调控方案，只要用户生活习惯没有发生变化就不再需要手动设置恒温器参数。除此之外，Nest恒温器还支持网络远程控制，用户可以使用移动端远程操作设备。

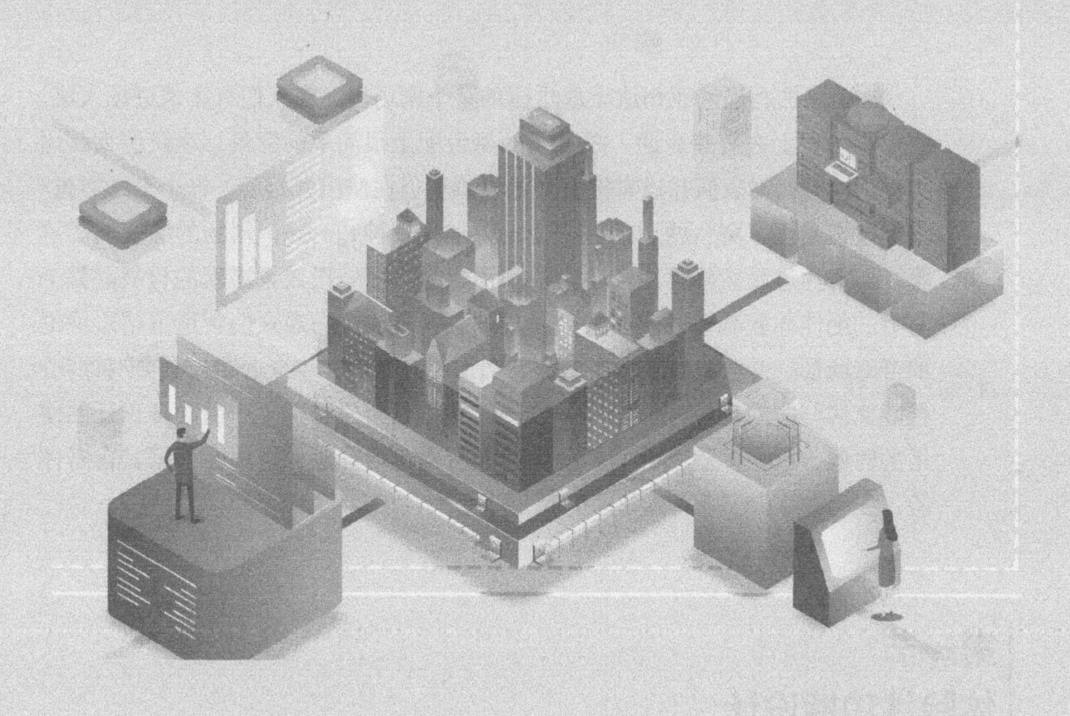

第六章

智能家居服务与可持续智慧环境社区

在美国加利福尼亚州迪士尼乐园的某个剧场里，观众们有序地进场入座。整个剧场看上去有些普通，很常见的舞台配上很简单的背景，观众们大都因为视觉疲劳，对表演并没有抱太高的期望。但在演出开始后，一个个“彩蛋”才被逐渐发现：舞台两边的柱子变身为加州女神Eureka，剧场的墙变成了屏幕，还有通过吊索降落在舞台上的演员，带来了一段效果逼真的枪战。整个节目的绝佳体验都要归功于舞台背景的烘托，从而为观众们营造出精彩绝伦的奇幻场景。一场演出的水平如何，当演出开始后，观众心中自然会有评判。智能家居与智慧环境产品也是一样的道理，当用户购买了产品，真正开始使用的时候，用户体验就像一场演出，随着剧情的推进，用户会根据其自身体验，在心中给出一个真实的评价。

第一节 体验性功能设计

多媒体、语音识别、体感交互、虚拟现实等技术的兴起，为智能家居和智慧环境产品带来了不可思议的发展，也给用户带来了更为丰富的使用体验。以下就从技术角度和一个案例来探讨以“智能”为核心的体验性功能设计的相关支持技术。

一、多媒体技术与智能家居及智慧环境设计

多媒体技术（Multimedia Technology）是指利用计算机把文字、图形、影像、动画、声音及视频等媒体信息进行综合处理，并将其整合在一定的交互式界面上，使计算机具有交互展示不同媒体形态的能力。多媒体技术正改变着人们生活的方方面面。在现实生活中，多媒体的应用十分广泛（图6-1）。

（1）视频会议系统。在多媒体通信系统中，视频会议系统非常重要，它将计算机的交互性、通信的分布性和电视的真实性融为一体。随着多媒体技术的突破、广域网的成熟以及电脑操作系统的支持，视频会议系统已成为多媒体技术应用的新热点。

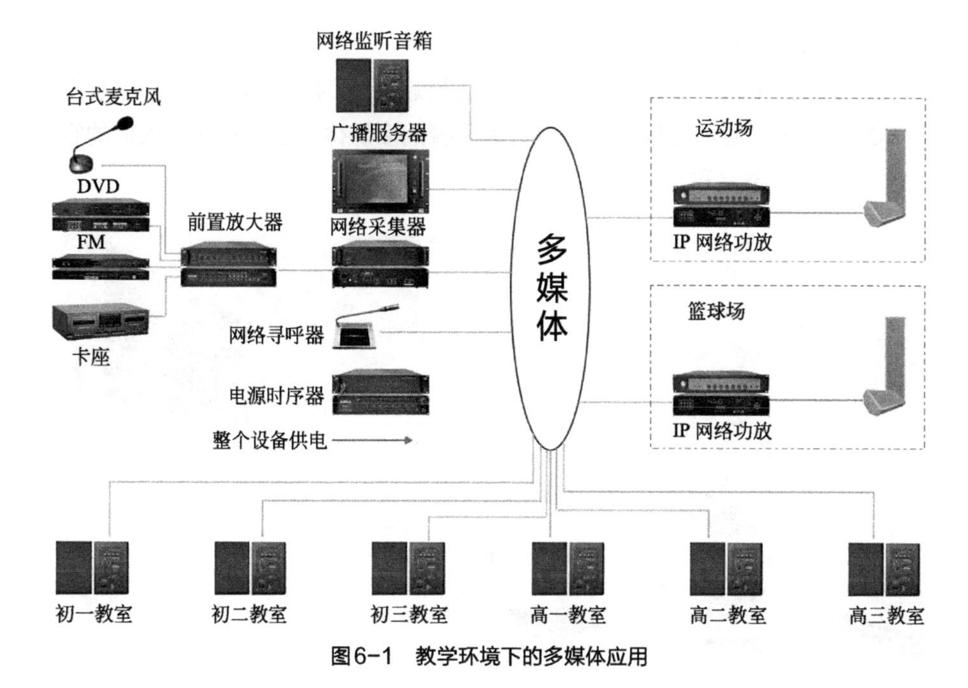

图6-1 教学环境下的多媒体应用

（2）虚拟现实。虚拟现实与模拟仿真的模式，同时综合了应用计算机图像处理、模拟与仿真、显示系统等技术和设备，给用户提供一个三维图像环境，从而构成虚拟世界。而三维交互式界面则是通过一些特殊设备提供的，如头盔、数据手套等。总体来说，虚拟现实是一项与多媒体技术密切相关的边缘技术。

（3）超文本。随着多媒体计算机的发展，超文本也逐渐发展和成熟起来。它是一种文本处理技术，将声音、文字、图像结合起来，是多媒体应用的有效工具。

（4）家庭视听。多媒体最实体化的应用，当属进入人们家庭生活的数字化音乐和影像。这些数字化的多媒体具有传输存储方便、保真度高的特点，因此在个人电脑用户中广受青睐。

多媒体技术发展至今，对音频、视频、图像的智能控制成为其应用的表现。几乎所有的多媒体智能家居设备都需要多媒体技术的集成综合管理。电视因为它的网络化和数字特性，不再仅仅是高清视频和音频播放器，还可以成为家庭多媒体中心的显示终端。因此，现在人们家庭里的智能电视机，不仅能看高清视频、欣赏高清音乐，还能拓展视频通话、电脑智能游戏、网络教育等多项智能化功能。

对于智能家居而言，客厅目前已经逐渐成为智能家居的中心地带（图6-2）。未来，智能家居还会发展更为完善的多媒体中心，从而让人们的智能家居生活更为丰富和多样。

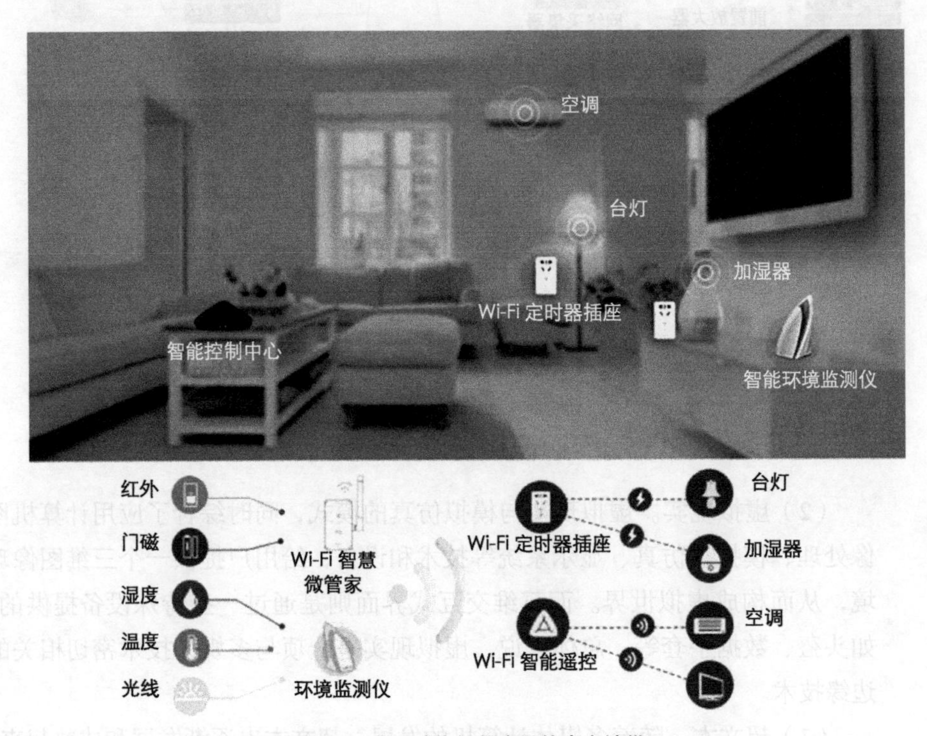

图6-2　客厅成为智能家居的中心地带

二、语音识别技术与智能家居及智慧环境设计

语音识别技术也被称为自动语音识别（Automatic Speech Recognition，ASR），是将人类语言中的词汇内容，通过机器智能的识别和理解过程，转化为计算机可读的收入，例如按键、二进制编码或者字符序列等。语音识别技术与说话人识别技术最大的区别在于：语音识别技术用于识别内容，而说话人识别技术主要用于识别发出语音的人。

在智能手机中，语音技术已经得到了广泛的使用。比如，苹果的Siri语音控制功能，开启了“语音互联网”时代；通过语音传输的微信成为人们离不开的交流工具；手机输入法的语音识别功能更是具备了准确识别方言的能力。

目前，很多公司都在进行语音识别技术的开发。有的公司提供位于前端的语音声音输入识别技术；有的公司针对语音声控，提供类似服务器支持的技术；还有的公司则通过云识别技术推出语音声控技术软件成品。

在全球物联网的时代下，智能语音控制识别技术逐渐成为IT领域中的一项新兴产业。不得不说，对于智能家居领域而言，智能语音的发展又将成为一种潜力无限的发展趋势。

在2011年的深圳高交会上，中国联通展示了智能家居控制技术，即在家中设置一台中枢式的控制设备，通过手机联网进行命令操控，中枢设备接触到手机命令，通过RFID、射频技术实现随时随地自由控制、管理家里所有的家用电器，甚至可通过实时视频进行远程监控。在手机操控端加上语音控制软件，就可以通过语音声控给手机发出命令，从而实现对家庭各种产品的控制。

至于国外，苹果公司一直期待进驻家电市场，而且苹果公司正在开发一款依赖于无线网络技术存储电视节目、电影与其他数码内容的自有品牌电视机。这款电视机的主要功能是对用户语音和肢体动作做出感应，用户可以用声控的方式搜寻节目或电视频道（图6-3）。

图6-3　苹果公司推出的iTV盒子

Siri拥有强大的语音识别和语义分析能力，让人机互动从键盘鼠标中解放出来。人们可以用语音与Siri交互，发送短信，预定闹钟，甚至利用谷歌地图来找到最近的加油站。同时，谷歌在多个平台推出了语音输入功能，大量的安卓软件，都已经内嵌了这项服务，如UCweb和淘宝，都可以直接通过语音输入来进行搜索。如果iTV内嵌Siri，与体感操作结合，我们可以想象这样一款智能电视会展现怎样的空间。

虽然语音控制智能家居目前还面临一些技术上的瓶颈，但是随着互联网的发展和技术不断进步，这些问题一定能够得到有效解决。

三、体感交互技术与智能家居及智慧环境设计

体感交互技术包括体感技术和体感交互软件。体感技术是指人们直接使用肢体动作，与周边的装置或环境互动，而无需使用任何复杂的控制设备。苹果公司开展的体感交互技术研究，其中包括使用非触摸、身体感应手势在iOS上控制3D界面（图6-4）。体感交互软件是一项无需借助任何控制设备，可以直接使用肢体动作与数字设备和环境互动，随心所欲地操控的智能技术。

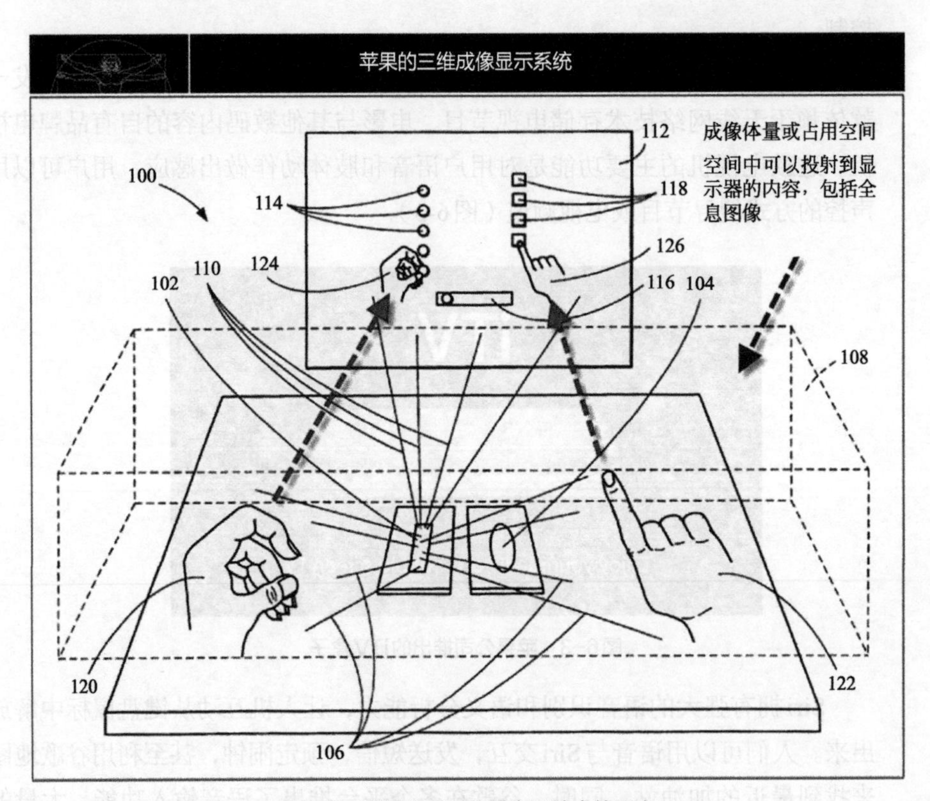

图6-4　苹果公司对体感交互技术的研究

举个例子，当人站在一台电视前方，假使有体感设备能侦测他手上的动作，当此人将手部分别向上、向下、向左及向右挥时，能够控制电视机的快转、倒转、暂停以及终止等功能，这便是一种以体感操控周边装置的方式。

在智能交通、智能城市、智能社区、智能家居等领域中，体感交互技术都在不断地渗透。其应用包括：3D虚拟现实、空间鼠标、游戏手柄、运动监测、健康医疗照护等。而体感交互技术在智能家居中的应用包括：智能影音、智能电视、体感游戏等。体感游戏就是不用任何控制器，仅用肢体动作就可以控制游戏里的玩家，从而让用户更真实地翱翔在游戏的海洋中（图6-5）。

此外，在家居生活中，体感交互技术还为人们创造了3D体感试衣镜（图6-6）。当人们站在这款3D虚拟试衣镜前时，装置将自动显示试穿新衣以后的三维图像。

图6-5　家庭运动体感游戏

图6-6　3D体感试衣镜

四、虚拟现实技术与智能家居及智慧环境设计

虚拟现实技术是人们通过计算机对复杂数据进行可视化操作与交互的一种全新方式，也称为灵境技术或人工环境。与传统的人机界面以及流行的视窗操作相比，虚拟现实在技术思想上有了质的飞跃。

虚拟现实技术未来将逐渐成为人们日常生活中的一部分，这不仅仅反映在如今虚拟现实技术开发的主要领域——游戏市场里，还将在智能家居、可穿戴设备、智能硬件以及科技介入的所有家居领域中发挥重要的作用。

虚拟现实技术在家居中的应用有两方面：一方面是室内装饰；另外一方面是拓展家居空间。目前人们的家庭娱乐中已经出现了虚拟现实设备，如虚拟投影屏幕等（图6-7）。

图6-7　家庭虚拟投影屏幕

目前的虚拟现实技术已经相当于人机交互的3.0时代。所谓的1.0时代，是指人通过键盘、鼠标点击等方式控制电脑为主，或者人通过游戏机手柄控制游戏等；至于2.0时代，便是通过触屏或者体感技术来与机器进行交互；而3.0时代则是在虚拟的现实中人机可以直接进行交互。

斯坦福大学虚拟互动实验室（Virtual Human Interaction Lab）创始人杰里米·拜伦森（Jeremy Bailenson）有一段关于虚拟现实的视频。视频中，当人们戴上智能眼镜之后，凭借现实中的一些介质，就可以呈现一些虚拟的事物。而最令人震惊的是，用户能够通过点击这些虚拟的事物从而产生交互。

随着这些技术的发展，可以想象未来人们的家居生活的场景。虚拟现实一定会成为不可或缺的一部分。人们在家里用虚拟现实技术就能实现购物、旅游和亲友们的面对面交流、游戏娱乐、运动等。

【案例6-1】智慧教室互动黑板体验性设计

现在的多媒体已经逐渐普及走入每一个普通教室，形式一般是投影白板和触控电视。师生们在享受多元化教学的同时，也遇到了各种困扰：光污染对学生视力的影响，上下推拉黑板对老师体力的耗费等。

互动黑板采用先进的电容触控技术，将传统的手写黑板和多媒体设备相结合，在粉笔板书和多媒体应用之间轻松切换。同一块面积既可以像普通黑板一样，用粉笔正常书写，也可以像大的iPad一样，用手触控观看PPT、视频、图片、动画等各种丰富的多媒体应用，真正做到传统和现代的结合，甚至还能同时拥有两块屏幕，实现双屏独立和切换功能（图6-8）。

图6-8 智慧教室平台解决方案

产品定位：针对教学模式，打造智能教学互动黑板

智慧教室互动黑板产品全面致力于现代教育教学的发展与应用。为了满足现代教学模式的革新与现状，欧帝科技更大程度地进行了研发，对学校教学模式进行取样、勘查、调研问卷，解决了教学复杂的阻碍环节，极大地提高了教学质量。

① 把传统黑板模式进行了革新整合，增加了黑板的双向互动性与电教的丰富性。

② 去掉传统投影仪亮度低、维护率高、成本高的弱点，从根本上解决了以往教学模式中存在的问题和不足。

③ 推拉式黑板+液晶触控一体机的组合模式，目前课堂使用还是耗时耗力，课堂效率难以提升，同时触控一体机还存在反光的问题，教室部分区域的学生可能看不清液晶触控屏。

④ 智慧教室互动黑板包含了传统黑板的整体性，又具有液晶触控一体机的多媒体音视频应用功能，同时具有出色的人体交互特性，最大的优点是具有环保性（无尘教学）。

使用方式创新：集成+交互优势

传统教学设备面对信息化时代，越来越显得单调枯燥，没有吸引力。

推拉式黑板已经不能承载信息化教学的要求，其本身也存在耗力、耗时、设备集成度太低、粉尘污染等问题。智慧教室互动黑板能够整合替代目前教学模式中的旧设备，例如：黑板+投影仪、推拉式黑板+交互式液晶触控一体机等模式。

基于交互式电子白板的教学平台（主要包括电脑、投影机、交互式电子白板），对比黑板及电教平台两种教学方式，取其精华（黑板的互动性及电教的丰富性），去其糟粕（黑板的单调性及电教的单向性），从根本上解决了以往教学模式中存在的问题和不足，真正实现了“教与学的互动”，实现了高品质、高效率的教学模式。但是投影式电子白板的亮度低、易损耗、维护费用高的问题，也成为日常教学的困扰。

液晶触摸一体机集电脑、电视、网络和展示台四大功能于一体，可以辅助完成各项教学任务，大大提高了课堂效率。液晶触摸一体机为多媒体教学提供了更为方便的教学模式，让老师上课更轻松，扩大课堂知识容量，提高教学质量；生动、形象的教学模式，让学生融入其中，乐在其中，同时也使学生对学习更感兴趣，激发学生的好学性。

智慧教室互动黑板在日常教学课堂应用中，可一键从黑板切换到触摸屏，并通过软件平台以互动的方式呈现教学内容（如：PPT、视频、图片、动画等）。丰富的互动模板能把枯燥的教学素材变为交互性好、视觉冲击强的互动教学课程，通过触控黑板的表面进行交互，简单、人性化的交互操作，将人与互动教学内容有机地连接起来，让师生之间产生更多课堂互动。丰富的人机互动方式结合视听上的感官体验，让教学和学习过程不再枯燥。师生之间更多的互动，能够帮助学生加深对知识的记忆和学习（图6-9）。

图6-9　智慧教室互动黑板在日常教学中的应用

设备技术创新：跳出传统设备的局限

智慧教室互动黑板具备抗暴、防水、防尘、耐用等技术特性，满足教学环境高粉尘、高使用频率、高安全防护的使用需求。纯平面、工业级的严谨设计，确保了整个产品的质感和品质，外观时尚、科技，与现代化教学场景融为一体。其主要突出功能体现在如下几个方面。

（1）智慧教室互动黑板=水笔书写+无尘粉笔书写+普通粉笔书写

正面显示为一个由三块拼接而成的平面普通黑板，可以在上面用各种水笔书写，又可以根据需要采用粉笔书写。智能一键多媒体功能，当打开电源时，中间一块显示出液晶的显示画面，可以进行触摸互动，而关掉时，显示画面隐形，又显示为一个普通黑板的表象，在上面进行书写。其优点在于：

① 智慧教室互动黑板使用无尘教学环保粉笔，有利于老师与学生的健康；

② 传统教学与现代教学场景自由切换，趣味性强，是智慧课堂的第一选择；

③ 产品创新性独特，整体性优越，先进的一键节能多媒体技术，适合课堂应用。

（2）多合一合成模块=电子白板+投影+普通黑板书写+PC电脑+触摸互动+音箱

其优点如下。

① 产品集成度非常高，囊括了教室多媒体的全部功能模块。

② 表面支持触控互动功能，生动地展示了课堂应用，拉近了老师和学生间的距离。采用电容触控技术，永不衰减，配套赠送高性能的电容触控笔，精准流畅。与推拉式黑板配套的液晶触控一体机相比，一体机基本都采用红外原理技术，红外触控有一个致命的缺点，就是使用时间较长的红外触摸框，四周的LED灯会衰减，使其触控性能渐渐弱化。

③ 支持多媒体液晶显示技术，超高清显示，避免投影机带来的很多麻烦。

④ 内置防盗工控级OPS主机，教室其他地方不再存放主机，缩小对教

室空间的占用。

⑤ 自带多媒体音箱功能，也支持外接大功率音响功能。

⑥ 与推拉式黑板+触控一体机的模式相比，该产品故障率更低。平常使用传统黑板时，必然会产生粉尘，使用电脑、投影机或触控一体机等设备时，会产生静电和粉尘。它们会吸附在电路板上，造成设备发生故障与损坏，同时对红外触控电子电路的损坏较大，还会影响到机器整体的散热与防尘性能，具有一定的隐患。智慧教室互动黑板可以有效避免以上问题的产生。

⑦ 超强的防水特性。产品采用全防水的结构设计，有效地避免了教室公共环境下会产生的众多后果。

（3）图像显示能力=色彩艳丽+对比度高+亮度高（透光率高）+高清分辨率

其优点在于：采用LED背光液晶屏、A规面板、工业级液晶面板，超高清显示，满足学校多种需求。

（4）产品表面采用复合镀层工艺，材质属于光电玻璃。

传统推拉式黑板经过长时间粉尘性的粉笔书写，2 ~ 3年左右就会受到较大的损坏，达不到理想的书写效果。而这款产品表面采用特殊的耐摩擦处理工艺，对于粉笔的书写，永不磨损。采用多项技术将玻璃光滑的表面做成300μm ~ 400μm的微颗粒，达到以下几种状态：

① 白板水笔书写功能，粉笔书写功能；

② 高光过滤技术，将对眼睛有害的光源过滤掉85%，使画面变得更加柔和；

③ 形成表面防眩光技术，不在表面形成反射影像，不影响可视画面；

④ 表面采用耐书写技术，水笔书及粉笔书写对黑板表面永久性无损伤。

其优点在于：

① 特殊的表面处理技术，使产品具有防眩光效果，无反光，学生都能清晰地看到黑板上的讲课内容；

② 表面硬度高、强度高、安全性高；

③ 特殊的核心处理技术使产品具有耐摩擦、永不磨损的效果；

（5）产品符合国家标准黑板尺寸，满足所有学校对产品的需求

内置工控级电脑PC-OPS抽拉式主机，采用领先的四代处理器系统、固态SSD硬盘，支持硬关机，启动速度快。产品具有无线网络集成功能，便于日常教学网络化和数字化。产品采用多功能悬浮式音箱，音效较佳。

其优点在于：

① 产品采用超薄式设计，整机厚度只有7cm，极大地减少了黑板的厚度，节约了讲台处的空间资源，不会出现推拉式黑板厚度大于20cm的情况，安全科学；

② 智慧教室互动黑板完全符合教育部要求的黑板标准尺寸，符合老师的教学使用习惯；

③ 产品尺寸可以根据市场需求进行定制，不局限于固定尺寸。

设备应用创新：满足多种教学需要

（1）实用性

方便、实用、高效是欧帝科技多媒体教室解决方案的核心设计理念。只有操作简单、功能实用、效果良好的产品才能提升教与学的效率。该方案施工量少，施工周期短。采用一体化智慧教室互动黑板系统，不需要重新布线，不破坏原有教室格局。

（2）先进性

与传统多媒体教室方案相比，一体化智慧教室互动黑板系统无论在接入方式还是在系统控制等方面都充分体现了整个系统的先进性。

（3）扩展性

无线应用是现代网络技术应用的必然趋势，多媒体教室能否和校园网兼容，能否调用室外教学资源是考察多媒体教室可扩展性的首要标准。智慧教室互动黑板系统解决方案对接教室中控网络控制功能，可通过教师的手写电脑控制，也可通过校园网实现远程控制，为未来教育的发展提供服务（图6-10）。

图6-10 智慧教室互动黑板满足多种教学需求

产品应用兼具了教学、学术报告、会议、综合性研讨、演示交流及远程教学、远程改卷、远程上课、远程出题、远程会议等功能，安全性、用户体验度良好：

① 产品安装简便、科学安全，施工周期可控制在1小时之内，避免耽误学校的日常教学；

② 产品无锐角的设计方式，避免了学生碰撞造成的一些伤害；

③ 产品表面电子玻璃具有抗撞击特性和防飞溅特性，保证学生的安全；

④ 产品通过抗雷击浪涌测试试验，满足极端环境下的正常使用，并达到国家标准化建设要求满足度；

⑤ 完全满足《国家黑板安全卫生要求规定》中关于拼接式的黑板拼缝应该小于1mm的规定；

⑥ 响应国家教育标准化指示，产品通过国家级护眼认证检测报告；

⑦ 满足全国信息化教学设备环保性的要求；

⑧ 满足国家教室书写板书写标准的各项要求；

⑨ 满足国家教室电教设备的安全性要求，产品通过国家各项检测认证30多项。

第二节
趣味性交互设计

比尔·盖茨曾在他的《未来之路》书中写道："我要建造一栋适应复杂科技变化的房子，但技术不能喧宾夺主，他需要像'仆人'一样为服务主人而存在。"他的梦想早已实现。如今随着物联技术、移动互联网技术、人工智能的高阶发展，充满科技感的想象正在走入人们的生活。如果你是一个"智能控"，你将深有感触，如今不经意间，身边常用的东西都一件件"智能"起来了，智能时代的思维路径对"一切皆有可能"这句话做了最彻底的诠释。

新的交互模式正占领我们生活的方方面面。冰箱、面包机、食谱早已不单是一件古董产品，摇一摇，轻轻敲击等简单的手势，就可以完成交互。在人们还没有意识到的时候，智能交互化已经在家居生活方式、创新体验餐厅等方面都得到显现。它们都已经将交互设计融入用户体验和产品服务之中，已经成为人们做出消费决策时至关重要的因素。

趣味性、愉悦度，这些都是针对用户情感化设计的领域。而功能、实用性，这些需要很强逻辑性的事物很难和情感产生关联，虽然它们也很重要，它们是基础，但缺少了情感的作用，很难产生像快乐、愉悦、悲伤、美等抽象的东西。至于花、大海、春天、小屋等这些都是很普通的具象名词，但将它们富有诗意地组合在一起，如"我有一所房子，面朝大海，春暖花开"，接受者就会投入不同的情感去理解这样一个组合。

上面这些名词就像我们在设计过程中遇到的各种元素，按键、菜单、icon（图标）、动态效果……将它以诗意的方式组合在一起，由此用户产生了情绪上的波动。交互设计的本质是对用户行为的一种设计，直达内心的设计能够影响用户自身的情感，从而导致用户的行为。常有设计师说用户是一个易怒、情绪不定、不明理的人，为什么？因为人的本质是非理性的，逻辑是理性层面的考量，而面对情感这个潜藏在理性背后的东西，需要设计师有深厚的功力，这不是单纯技巧上的问题，而是一种时间、感觉、情绪等综合的圆熟。

针对用户情感进行设计时需要考虑产品的用户群，情感设计的应用将会为产品塑造个性，需要明确产品个性是否与目标用户相符。所以我们需要考虑一下，所谓的趣味性是否与产品所预期的个性相符，这很重要。不同的人对“有趣”的定义和认知可能会不太一样，但交互设计中的趣味性如果仅用一句话表达，可能会是“情理之中，意料之外”。趣味性交互设计在智能家居及智慧产品中的使用方式如下。

一、延伸现实

最知名的例子莫过于iOS的惯性滑动效果（或许有的设计师可能不同意这个案例，但这真的是笔者认为很有趣的设计），面对这样的一个设计，在笔者眼中可以用两个字来形容——惊艳。什么样的设计师才能够对周围世界的观察敏锐到如此境界呢？让我们记住这个人的名字——巴斯·奥尔丁（Bas Ording），可以说没有这个设计可能就没有iPhone的诞生（图6-11）。

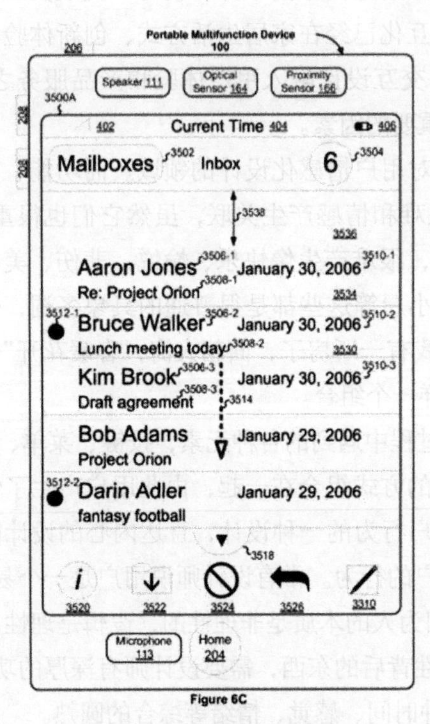

图6-11 惯性滑动专利示意

这样的设计见微知著，简单、有力、充满乐趣，看似微不足道，但影响巨大，乃至整个iOS的框架就建立在类似这样的设计之上（多点触摸，惯性滑动），即便是刚接触的用户，也能轻易理解这项设计，同时，这对用户进行操作时的情感影响也很大。此外，由于工作需要时常在两个系统间切换，当从iOS切换至Android时，生硬的边界反馈反而常令用户感到索然乏味。

针对如何进行设计才能达到与iOS惯性滑动同等的效果这一难题，设计师Loren Brichter在惯性滑动的基础上延伸了它的功能性及趣味性，下拉刷新，被推特（Twitter）收购后最近正在申请这项专利。可以说从零开始设计出新东西可以是创造，而在已有的基础上创造也是一种设计（图6-12）。

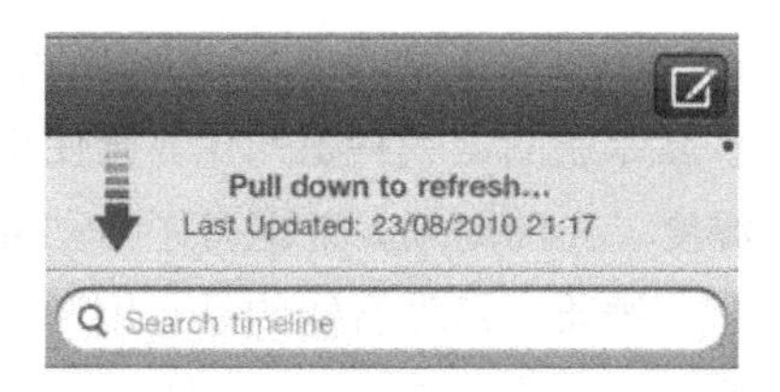

图6-12　苹果手机早期系统的下拉刷新

二、触景生情

通过视觉的手段，微妙地启发用户的感觉及情绪，这里用深泽直人的一个包装设计举例（图6-13）。此类方式也是目前在各APP上应用最多的设计技巧。

图6-13　深泽直人设计的香蕉汁包装

Citysens是一款智能盆栽设备，被人们称为“室内微型垂直植物园”。Citysens的垂直式设计节省空间，适合小户型的家居环境，用户可以在Citysens内种植一些蔬菜、水果、花朵，还可以用这款设备装点房间（图6-14）。

图6-14　Citysens——“室内微型垂直植物园”

Citysens的特别之处在于，它是一款软硬件结合的产品，能够自主照顾植物，从而无需用户掌握专业的盆栽种植知识。它使用了大量的传感器和执行器，能调节温度、湿度、光照周期，并配备了自动浇灌系统，在合适的时间为植物补充水分和营养物质。最为智能的是，用户可以用智能手机控制其自动浇水和检查土壤属性。此外，Citysens还使用了水培技术，无需土壤，这也在一定程度上保证了室内的清洁。面对生机盎然并用智能技术培育的植物，用户的心情会随之放松，便捷易操作的养护过程也增添了几分生活乐趣（图6-15）。

图6-15 Citysens智能化的便捷设计

三、"小把戏"

对枯燥的事物或事件进行转变，以一种轻松、幽默的方式进行展示和设计，在不失其功能性的基础上增加一些想象力，这样的尝试能够使用户产生有趣且愉快的感觉。这是一种积极情感，对智能产品也会有正向的帮助（图6-16）。

图6-16　微信中的蛋糕雨、快捷酒店管家中日房左侧的纸巾以及提示

上学排队、买房排队、看病排队、坐车排队，甚至连吃饭都要排起长长的队，排队已经消耗了人们所有的耐心。智能坐垫的出现让消灭等待从吃饭开始（图6-17）。据悉，这款日本的智能坐垫的主打功能是可以给用户提供餐厅、图书馆、咖啡厅等娱乐场所的空位信息，避免用户长时间等待。当用户将智能坐垫安装在椅子上时，它可以通过传感器感知上方的压力和温度，来判定座位上是否已经有人。通过iBeacon技术，坐垫可以把椅子的方位信息告知给云端的服务器，再由云端服务器推送给安装有相应App的iPhone或iPad设备，告知用户该场所的座位信息，如提醒食客该餐厅有多少空位和具体位置信息。这项技术将有效预防人员拥挤与等待。此外，iBeacon技术还使得该设备非常省电，一枚纽扣电池能支持坐垫工作一年以上。

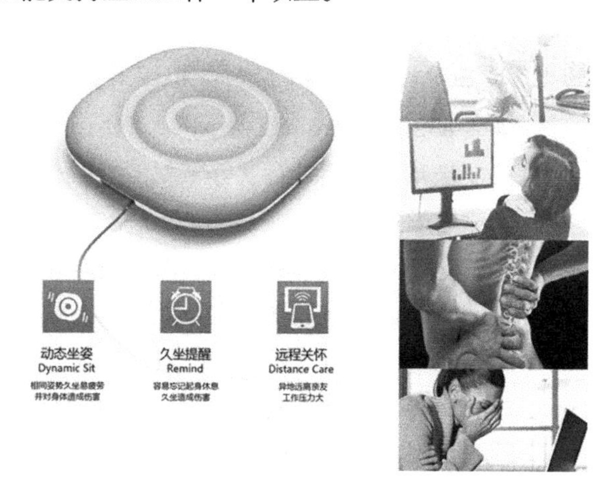

图6-17　智能坐垫

四、保持新鲜感

人们往往会忽略身边熟悉的事物，这是人本身的适应性造成的。当熟悉的状态中出现新奇有趣的事物时，人们的注意力也会集中过来。这种方式常应用在游戏类的App当中，增加新的装备、新的玩法、新的资料包等，令用户能够在现有游戏框架中拥有不一样的游戏体验。比如输入法产品的皮肤，输入相对是一个枯燥的过程，为了使用户在这个过程中能投入一些情感，产品设计者会为其制作并不断推出新的皮肤（图6-18）。

图6-18 百度Mac输入法皮肤

微信相框Lite是一个运行Android系统的8in 1080P屏幕，内置16G存储空间、Wi-Fi和BLE的智能相框（图6-19）。它能让照片足够清晰，并且能够实现iOS和Android设备上的无缝照片传输。在产品外观上，微信相框Lite采用了玻璃、树脂、金属等常见的家具材质，优雅的设计使得整款产品看起来非常时尚且与众不同（图6-20）。

同时，这款产品最吸引人的地方还在于它的算法——关联计算（Context Computing）。通过同名应用让用户将照片上传到云端，之后Fireside会对照片的原始数据进行分析，并向用户呈现出意想不到的信息提示。Fireside是一个非常棒的照片或者视频管家，通过照片的实时更新，使用户能够时刻保持对生活的新鲜感（图6-21）。

图6-19　大容量存储能力的微信相框Lite

图6-20　时尚百搭的微信相框Lite

图6-21　实时更新的自带相册软件

五、充分利用声音

声音对于我们的情感有一些特殊的作用，节奏和旋律的变化都能够影响到用户的情感，有时可能只是一个单一的声音。现在请在脑海里回想一下：QQ新消息的声音、微博客户端下拉刷新的声音、Windows系统开机时的启动音……这些经过精心优化了的声音能够给用户带来情感微妙的联动。

在App当中增加一些有趣的声音：设计一款计时器，在时间倒数时出现时钟的嘀嗒声，接近结束时出现一种急促声，引发用户的注意，结束时出现水壶烧开的声音（现实生活中，水烧开时的声音会令人快速产生动作）。这会不会让用户会心一笑呢？此外，除了声音，还可以充分利用身体的其他感官来增加App的趣味性。

图6-22 ROOME音乐智能晚安灯

很多人的卧室中都会有一个小小的床头柜，那上面可能摆满了各种各样的小物品：台灯、闹钟、摆件……如今你只需要一个ROOME音乐智能晚安灯就可以了（图6-22）。这个灯具有很强的设计感，非常时尚、具有高品质，适合放在任何环境下。它拥有台灯、闹钟以及音箱等多重功能，用户通过蓝牙将它与手机进行连接，便可以直接在手机上对其进行光线调整、闹钟设置、音量大小调节等各种操作。此外，它的顶部还支持直接触控操作。

六、借助游戏

游戏本身就充满了交互的趣味性，作为设计师，需要考虑的只是如何将游戏引入到产品设计当中，或将产品以游戏的方式展示。例如，Android系统解锁屏幕，以游戏、益智的方式实现加密和解屏的功能，这在底层设计上充分利用了人类的游戏本能（图6-23）。

科技再一次让人们相信，只有想不到，没有做不到。变水为酒不仅仅存在于圣经故事中，现实中也能实现。Miracle Machine智能酿酒器可以用手机进行遥控，让水变成美味的葡萄酒（图6-24）。该款App应用程序既能安装在苹果的iOS系统上，也适合Android系统设备。我们只需把原材料加入机器，然后通过App程序选择自己需要的葡萄酒风格，程序就将控制发酵，并在发酵完成之后发出指令。

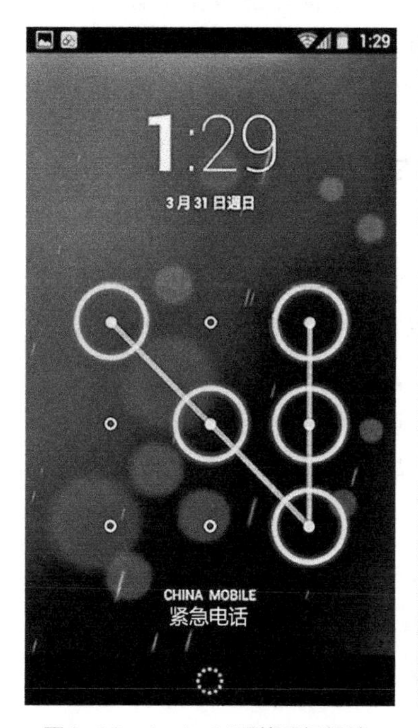

图6-23 Android系统手机解锁屏幕利用了人类的游戏本能

图6-24 智能酿酒器

【案例6-2】凡豆科技：抓住儿童双语学习关键期，创新家庭教育场景服务新模式

长期以来，孩子的教育是家长最为关心的问题。孩子上小学后，开始进行系统性学习；而上小学之前这个阶段，也是孩子成长学习的关键期。这个关键期的起点要从三岁前的语言启蒙开始，因为语言能力与大脑的发

育息息相关。大多数家长不是专业的教育人士，而且工作繁忙甚至无暇顾及，导致在家庭教育方面无法做得特别到位，然而孩子的成长只有一次，家长不希望孩子错过宝贵的生长学习期。

对此，国内创业公司凡豆科技（以下简称“凡豆”），专门针对2～12岁儿童推出了儿童双语学习机器人，帮助父母抓住儿童语言发育的关键期，让儿童在家庭环境中自然地掌握两门语言，使外语能像母语那样耳濡目染，被儿童接受和掌握。在提升孩子语言能力的同时，帮助孩子形成良好的阅读习惯，同时致力于孩子的大脑发育和创造力的培养。

产品创新：以教育的基础——语言能力作为切入点，开发机器人帮助儿童实现双语学习

以互联网、人工智能、3D显示和交互技术为代表的技术革新推动了教育的变革，使得教育服务更加智能化。凡豆科技推出的儿童双语机器人“蛋蛋”（图6-25），从儿童语言启蒙阶段入手，通过三步走来实现英语的母语化：第一步是聆听英语并构建画面，实现场景式聆听；第二步是模仿，通过长期不断地倾听，实现外语语言模仿；第三部是经典著作阅读，如《雪孩子》的音频内容。

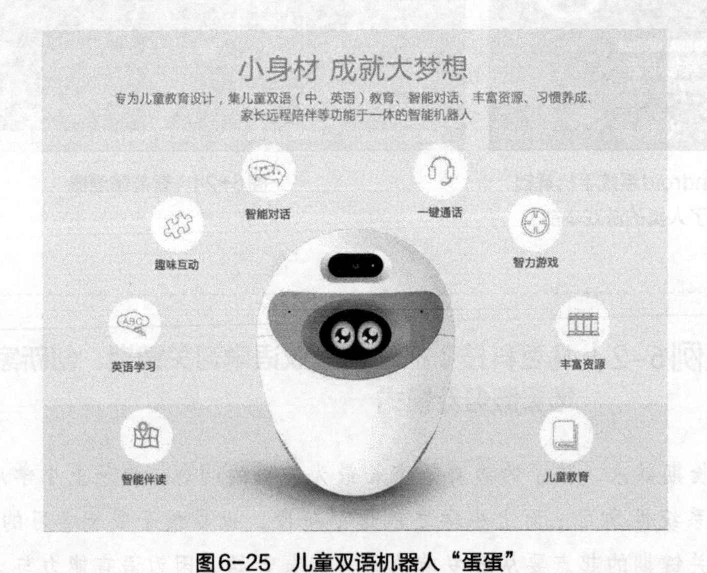

图6-25　儿童双语机器人“蛋蛋”

第一步聆听和第二步模仿，主要是为了营造侵入式的双语语言学习环境。双语机器人可以在汉语和英语模式中随意切换，能够进行角色扮演，随时随地与孩子进行情景对话、对唱英文儿歌、陪孩子阅读、互动和分享。通过蛋蛋双语伴读的方式，让儿童沉浸在双语环境里耳濡目染，使得孩子的语言学习能力和表达能力在不知不觉中得到提高。

第三步经典著作阅读的实现，主要是蛋蛋机器人可以通过语音或二维码识别图书，帮助家长引导孩子阅读，并设置互动问答，对孩子的学习进度进行追踪。针对英语训练，从最基础的语速入手，通过“机器人+绘本”提供阅读指导。蛋蛋机器人存储了海量的图书绘本内容，通过语速训练，让孩子在歌唱中学习，并在语感上进行补充。

在阅读交互方面，蛋蛋机器人除了支持语音和二维码等方式便捷地进行绘本检索，还可以轻松做到“翻到哪里读到哪里”。只需将书本摊开在蛋蛋面前，它就会通过摄像头自动扫描识别当前页面，并同步朗诵，有效避免了每次阅读都从头开始的尴尬状况（图6-26）。

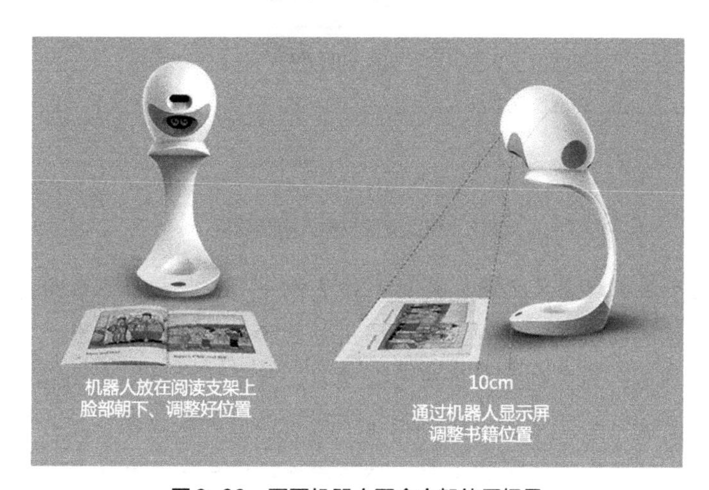

图6-26　蛋蛋机器人配合支架使用场景

三个步骤不断递进，使得蛋蛋机器人支持英语语境训练，机器人在不同的生活场景下，通过听、说、视觉、触碰等交互，与宝宝进行英语对话和单词学习。

同时，蛋蛋双语机器人会进行智能优化。比如，在“听”“说”环节，儿童每说一句话，机器人都会进行判断并打分，再鼓励儿童。机器人能识别人脸，感知孩子的情绪，真正陪孩子快乐阅读。此外，针对宝宝牙牙学语时期的语言模糊性和重复性，蛋蛋机器人能够智能识别和纠错，保障对话流畅度。

在外形上，蛋蛋机器人身高为165.7mm，质量为880g，机身为PC材质。以“蛋”为外形设计，迎合幼儿对圆润可爱东西的偏好。在诸多儿童陪伴机器人中，专门针对儿童双语学习的机器人在国内外并不多见，这种产品的定位是在不断探索和改进中确定下来的（图6-27）。

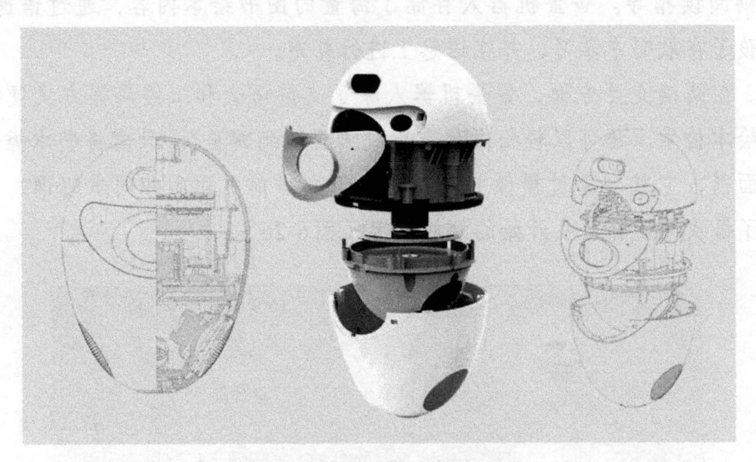

图6-27　蛋蛋机器人构造解析

在产品实现量产之前，凡豆科技先做一批工程样机免费给用户进行体验，通过回访用户来了解用户的使用黏性和使用建议。同时，虽然做的是机器人产品，凡豆也在向传统行业学习。为了能够做出令人满意的儿童英语教育服务，凡豆几乎将线上和线下所有品牌的英语课都进行了研究和分析，发现其存在的问题和不足，总结经验，然后在儿童双语学习机器上弥补这些品牌的英语课中存在的不足。

服务定义技术：开发机器人专用系统和专家算法导图

针对宝宝牙牙学语时期的语言特点，凡豆构建基于语义的学习和理解系统，与机器的交互不是基于触屏，而是用语言和视频进行交互。这种交互产生的结果，就是把朗读和声音做得很好。基于对语言的理解和优化，通过近义词、同义词联想及自动纠错的方式，保障双语机器人与幼儿对话的流畅性。此外，机器人中内置异构双麦克风阵列语言增强算法，能够在远距离交互和近距离学习两种情景下自适应地采用合适的语音增强手段，进一步提升语音交互质量。并且设置有500万像素的摄像头，设置缓冲机制以避免机身被摔坏，以及针对儿童听觉调校设计的专业的音响系统。

凡豆开发了机器人专用的人工智能IMOS操作系统，把物联网、云计算和人工智能植入到操作系统中，为机器人功能拓展和开发提供功能统一的平台。双语机器人汇集语音识别与图像识别技术，通过定制的IMOS操作系统以及陀螺仪Gyro Syestem运动体系，实现蛋蛋机器人双母语阅读、智能陪伴与趣味运动的功能。

更重要的是，机器人通过算法技术开发专家算法经验导图。中国人学不好英语的原因，一是阅读量太少，二是阅读内容的筛选太差。不知道该读什么，导致语言能力、逻辑性不强。凡豆通过语言学家和全球领先的出版机构合作，帮助中国孩子建立阅读体系，包括什么阶段适合看什么书，什么特质的孩子看什么样的书。在这种知识体系的基础上，凡豆进行数据采集和标定工作，从而使机器人能够根据不同的儿童，推送相应的适合的书单。

为了获得更多使用行为和发展数据，机器人对绘本的每个句子进行拆分，按照最小有意义单元重新拆解内容，并在故事中间的一些关键点插入开放性和互动性问题，对孩子的反馈进行打分，并奖励“豆币”，对接到凡豆商城。

服务创新与盈利模式的创新：构建知识交会平台落地线下“凡豆书院”模式

在凡豆的创新体系中，关键部分以机器人为载体，实现家庭环境下的儿童教育和学习。凡豆通过儿童双语机器人提供的学习内容，主要来自两个方面。一方面是自身制作的绘本和书籍，凡豆科技出版社、语言培训机构、国学机构、绘本制作方（如与外研社原典英语）等合作。打造优质内容是一个精细且巨大的工程，在一年内，凡豆积累了3000本绘本和书籍；同时，不断寻求更好的优质内容方，今后会开发更多内容。另一方面，凡豆与中文音频内容平台喜马拉雅建立合作，喜马拉雅中有许多关于启蒙教育及儿童喜欢的内容，而且可以根据小孩的学习习惯主动推送相关内容，还可以不断增加新的优质内容（图6-28）。

图6-28　落地线下“凡豆书院”模式

凡豆对这些内容进行二次编辑，将绘本和书籍全部实现数字化，根据语言学语音、语素的概念，重新演绎已有的绘本内容，构建自有的课程体系，并从喜马拉雅的内容中精选适合孩子的内容，再进行分析整理。

在优化这些内容的基础上，可以实现定制化阅读。当家长在匹配的APP上输入孩子的个人信息时，机器人会根据孩子年龄段和语言认知发展水平的不同，智能化地给出推荐的书单，以周为单位推送阅读任务，从而为孩子定制独一无二的学习内容，让孩子进行个性化阅读。

与此同时，为了让儿童双语学习更有效，凡豆建立了未来书院和奋斗课堂。凡豆未来书院立足解决家庭阅读资源的问题，并提供原版中英文绘本借阅服务，结合传统绘本阅读方式，利用人工智能和机器人技术，全面实现绘本的语音阅读。凡豆按照不同年龄段儿童智力和心理的发育程度，为他们提供科学的阅读计划，为不同孩子提供不同的读物，以浸入式的英文学习环境，并通过海量的双语阅读和语言交互，提升孩子的中英文双语表达能力。

通过培养孩子的阅读能力，把英语变成第二母语是一件非常容易的事情。8 ~ 11岁的孩子用一年的时间，在凡豆蛋蛋的陪伴下，可以达到熟练的听和阅读《哈利·波特》英文原著的水平，并且乐此不疲，就像轻松阅读中文小说。这使得孩子的阅读量远超新加坡和香港这两个全球幼儿阅读量最大城市的平均水平。

目前，未来书院拥有儿童教育专家精选双语绘本超过3000种，通过会员借阅及社会化借阅方式，力争实现每个家庭儿童每天阅读一本书。凡豆未来书院在提供优质儿童绘本阅读的同时，整合社会教育资源，聚焦英语教学，生成能够满足儿童学前及小学英语学习的系列培训课程“凡豆课堂”。通过人工智能技术为幼儿园、学校、培训机构和家长提供一种全新的低成本的英语教育方式，颠覆传统教育模式，为儿童营造了一种寓教于乐的英语环境，进而使孩子们自然而然地掌握英语。

在推动家庭教育落地应用的模式方面，凡豆主要采用与幼儿园、社区、房地产公司、游乐场、各种社区营地等新兴渠道合作的方式。这是一个“硬件+O2O（线上到线下）+线下服务”的新模式，三个环节互为倒流、互为补充，构建家庭场景化学习、机构场景化学习及互动（图6-29）。

图6-29 “硬件+O2O+线下服务”的新模式

在这个新的家庭教育服务场景中，凡豆的盈利模式也实现了创新，利润构成主要包括：智能机器人硬件销量利润、教育自有垂直应用收益、专业机构应用渠道费和服务渠道费。

此外，在新的场景中，智慧湾和华为Openlife作为智慧生活服务连接平台，在整个模式中提供底层通信技术的保障，整合并实现智能产品间的连接和通信、线上内容、线下服务，打造一体化、个性化、定制化的整体解决方案。

凡豆下一代机器人将针对中小学教育。中学的应试教育在手机、平板电脑上已经做得比较成熟了，凡豆机器人将锁定中小学生创造力的培养。今后，凡豆将以家庭教育机器人为载体，提供各阶段家庭场景下的学习服务，从启蒙教育到中小学教育乃至终身教育。

第三节 可持续性绿色设计

在当前大力倡导绿色环保的趋势下，全球都在走可持续发展之路。如今发展“低碳经济”已经成为世界各国实现社会可持续发展和迈向生态文明的必由之路。而作为物联网时代的新兴产业，建立在智能设计上的智慧环境也没有脱离这条主线，打节能环保绿色发展之牌，迎合主流趋势，走可持续发展的道路。

在生产过程中的能耗比例中，建筑能耗占了相当大的比例。近年来，许多国家对智能化住宅的关注力度逐渐加大，各国对智能化住宅小区的发展政策亦更加注重绿色、环保、智能和可持续性。

一、可持续设计的必要性

绿色智慧环境关注的不仅仅是城市发展的绿色经济问题，如城市工业面对气候变化的企业资产价值变化及其商机、开发清洁能源和节能技术等带来的收益，更关注气候或技术变化所引起的城市持续发展问题。绿色智慧城市的行动方案首先要确定行动的主体、愿景，制定相关政策与标准，实现绿色知识分享与教育；其次，要采取行动减少碳足迹，对此，城市必须建立绿色智能的物理环境，发展绿化产业、产品与服务，实行绿色经营；最后，由于居民的生活模式是构建企业解决方案和商业模式的决定因素，而敏捷的基础设施和协作网络是专业化企业获取竞争优势的基础，因此绿色设施、消费和智能基础设施不仅成为城市发展的重要推动力量，而且也是绿色智慧城市发展水平的标志。

机构、公司、家庭或个人是城市建设和发展的主体，它们实质性的参与体现是保证城市真正成为理想家园的基础，而不是任何城市规划师个人的理想或者政府部门的意志。

城市是未来人类生活的主要场所。绿色智慧城市具有功能齐全的城市环境基础设施、快捷便利的服务、高品质与环境优美的社区、居民强烈的绿色价值观和绿色消费观，可以满足居民在营养状况、住房、交通、供水、卫生、能源方面的消费以及舒适方便、安全等方面的需求。应该根据经济、社会、自然和谐可持续发展的要求，建立包括经济增长、资源消耗、环境质量和社会福利等目标的综合评价指标体系，以“绿色GDP”为主要内容的国民经济核算体系，发展资源节约型、清洁生产型、环保友好型技术和新兴产业，确定城市绿色智能的发展方向、规模和布局，做好环境预测和评价并对市民居住、工作、学习、交通、休息以及各种社会活动进行规划，协调各参与主体在城市发展中的功能关系，为城市建设和发展提供依据。

高质量的城市化进程不仅是城市数量和城市人口数量与比例的增长，更重要的是城市功能与市民生活质量的提高，在城市的运营、发展和建设中，追求绿色经营和城市的可持续发展。绿色智慧城市是实现这一目标的可行途径。

气候变化已经越来越强烈地影响到人类生活。温室气体的主要成分是碳，过量的碳排放导致全球气候变暖、冰川融化、海平面升高，自然灾害频发。从碳的排放量角度思考，城市的绿色智能经营主要是发展低碳经济、减碳经济。简而言之，要实现城市的“绿色再造”和“绿色转型”，促进低碳、减碳经济发展，推进企业生产经营活动的生态化，培育人与自然和谐相处的价值观，积极倡导低碳消费，推行减碳行动。

二、可持续设计的相关技术

1.构建城市微能源系统

制定分布式能源规划，把风能、太阳能、电梯的下降能、垃圾的沼气化发电等与建筑和小区设计组合起来，采用微智能电网连接调控，结合家用电动车的储能缓冲，构建城市微能源系统以实现能源的就地采集、就地循环使用，提高能源利用效率。

2.促进可再生能源建筑的一体化应用

以可持续发展思想为指导，在保障建筑能源供需平衡的基础上，对建筑的电力、热力、燃气等能源供应系统及可再生能源资源利用系统综合规划，将能源系统与建筑一体化设计建造相结合，构建安全、稳定、清洁、高效的建筑能源供应体系。积极推广地源热泵热水（空调）系统、太阳能与建筑一体化热水系统、太阳能光伏发电系统。充分利用建筑周边的可再生能源资源，以及建筑屋顶、立面和场地等部位，确定可再生能源建筑应用系统达到与单体工程一体化、规模化应用的要求。

3.远程网络监控功能

对室内、室外进行监视远程控制是指通过网络进行智能灯光控制、智能电器控制、智能门窗控制等。网络可以是物联网、互联网、公用电话交换网或宽带无线网。

4.智能照明系统设计

随着互联网技术、通信技术、自动控制技术、总线技术的发展，照明系统设计也进入了智能化的时代。设计智能照明系统的主要目的有两个：一是提高照明系统的控制水平，减少照明系统的成本；二是节约能源。本节介绍智能照明系统的设计要求和要点。

家庭智能照明系统的设计要求如下。

① 控制：家庭智能照明系统设计要实现在任何一个地方均可控制不同地方的灯，或在不同地方可以控制同一盏灯，这就是集中控制和多点控制。

② 开关缓冲：开关缓冲是指房间里的灯亮或者灯灭都有一个缓冲的过程，这样既能保护眼睛，又能避免高温的突变对灯丝造成破坏。

③ 明暗调节：灯光明暗能调节，创造舒适、宁静、和谐的氛围。

④ 定时功能：能实现定时开关。

⑤ 一键控制功能：整个照明系统的灯可以实现一键全开和一键全关的功能。

⑥ 情景设置功能：通过设置，能够实现多路灯光情景的设定与转换，实现灯光充电器的组合情景。

⑦ 本地开关用户能按照平时习惯控制本地的灯光。

⑧ 红外遥控器和无线遥控器能实现住宅里任何房间所有灯光的建制。

⑨ 电话远程控制：通过电话和手机，可实现对灯光或情景的远程控制。

5. 环境监测系统

环境监测系统主要负责监控环境（如空气、水、土壤）质量的好坏。做到实时与标准指标进行对比，如果环境质量不合格，能够将数据发到相关部门，并进行预警。环境监测系统的主要作用是时刻监控环境的质量，一旦有环境污染事件发生，能够及时地采取措施。

环境监测系统具有以下几个功能：

① 检测功能：该系统中必须含有足够数量的传感器，能够对目标范围环境进行实时感知，对监测环境的各项参数进行实时检测。

② 数据传输功能：当检测模块通过传感器感知到的环境参数超出了标准，系统应能够及时将相关信息（如所监测目标的位置信息、超出标准的参数）传输到数据库。

③ 数据管理功能：能够对数据归类，有利于统计出各个检测目标出现的规律，以采取相应的措施加以治理。

④ 联动预警动能：当环境污染出现时，系统能够与相关环保部门及时取得联系，便于相关部门采取具体措施（如派出业务人员对环境施行及时处理）。

三、可持续设计的建筑应用

【案例6-3】法国阿尔萨斯水幕太阳能墙

常规空调是不是不够绿色环保？能否让建筑具有自动调温功能？在中国2010年上海世博会上，来自法国阿尔萨斯的案例馆给出了一个肯定的答案。位于浦西世博园“城市最佳实践区”一角的阿尔萨斯案例馆，被青枝绿叶覆盖着，但这栋建筑最新奇的不是绿墙，而是“水幕太阳能墙”。“墙体”包括三个层面，外层为太阳能光伏板和第一层玻璃，中间层为密闭舱，第三层为水幕玻璃。法国阿尔萨斯建筑设计机构驻中国首席代表樊朗，同时也是阿尔萨斯案例馆中方首席设计师说，水幕太阳能墙向世人展示了一种建筑本身具有的气候调节机制，尤其适用于冬冷夏热的地区。

水幕太阳能墙冬天运行时，密闭舱关闭，照射到墙体外层的太阳光能在光电板上转换成电能。通过阳光辐射和光伏板产生的热量，留在两层玻璃之间密闭舱的空气被预热，可以持续地给室内供暖。

水幕太阳能墙夏天运行时，密闭舱会打开。密闭舱中的空气和沿着立面往下流的水幕相连，加上太阳能墙产生的阴影，起到给建筑降温的效果。水幕太阳能墙可以在夏季有效降低室内温度，在冬季补充室内温度，极大地降低了建筑对空调的依赖（图6-30）。

图6-30　2010上海世博会阿尔萨斯案例馆

【案例6-4】低碳生态城市的样板间——英国贝丁顿零碳社区

贝丁顿零碳社区位于伦敦西南的萨顿镇，占地1.65公顷，包括82套公寓和2500平方米的办公和商住面积，建于2000 ~ 2002年，由英国建筑公司零碳工厂（ZED Factory）与皮博迪信托公司（Peabody Trust）、环境咨询组织柏瑞诺公司（BioRegional）和英国首席生态建筑师比尔·邓斯特（Bill Dunster）合作建成，目标是在城市中创造一个可持续的生活环境。在贝丁顿社区中，零碳理念处处可见，综合运用了多种环境策略和节能系统。

1.采用环保材料

为了减少对环境的破坏，在建造材料的取得上，制定了“当地获取”的政策，以减少交通运输，并选用环保建筑材料，甚至使用了大量回收或再生的建筑材料。项目完成时，其52%的建筑材料在场地56.3km^{2}范围内获得，15%的建筑材料为回收或再生的。例如项目中95%的结构用钢材都是再生钢材，是从其56.3km^{2}范围内的拆毁建筑场地回收的。选用木窗框而不是UPVC窗框，减少了大约800吨UPVC在制造过程中的二氧化碳排放量，相当于整个项目排放量的12.5%。

2.利用绿色能源

一方面，贝丁顿社区的综合热电厂（CHP）采用热电联产系统为社区居民提供生活用电和热水，由一台130kW的高效燃木锅炉进行运作。锅炉主要以当地的废木料为燃料，既是一种可再生资源，又减小了城市垃圾填埋的压力；木材的预测需求量为1100吨/年，其来源包括周边地区的木材废料和邻近的速生林。小区有一片三年生的70hm^{2}速生林，每年砍伐其中的三分之一，并补种上新的树苗，以此循环。树木在成长过程中吸收了二氧化碳，在燃烧过程中等量释放出来。另一方面，生态村的所有住宅坐北朝南，最大限度地铺设太阳能光伏板，充分吸收日光，最大限度地储存能量和产生电能（图6-31）。

图6-31 充分利用周边绿色能源

3.零能耗采暖系统

英国为高纬度岛国，冬季寒冷漫长，有半年时间都是采暖期。为了减少采暖对能源的消耗，设计师精心选择建筑材料并巧妙地循环使用热能，基本实现了零能耗采暖。朝南的设计也让建筑最大限度地从太阳光中吸收热量。每家每户都有一个玻璃阳光房，玻璃材料都是双层低辐射真空玻璃。夏天，将阳光房的玻璃打开后就成为敞开式阳台，有利于散热；冬天，关闭阳光房的玻璃可以充分保存从阳光中吸收的热量。另外，屋顶上五颜六色的是可以摆动的风帽，负责室内的通风及热量调节，不但满足房间对空气质量的要求，还能够充分利用空气废热。根据实验，最多有70%的通风热损失可以在此热交换过程中得到回收（图6-32）。

4.水资源节约策略

采用节约水资源的策略，通过使用节水设备和利用雨水、中水，减少居民1/3的自来水消耗。停车场采用多孔渗水材料，减少地表水流失；社区废水经小规模污水处理系统就地处理，将废水处理成可循环利用的中水（图6-33）。

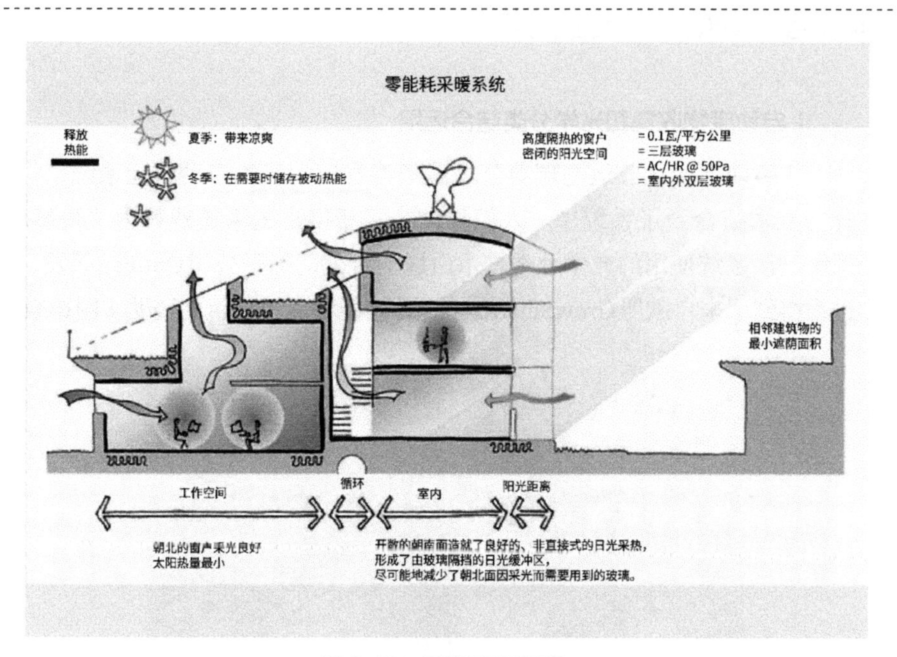

图6-32　零能耗采暖系统

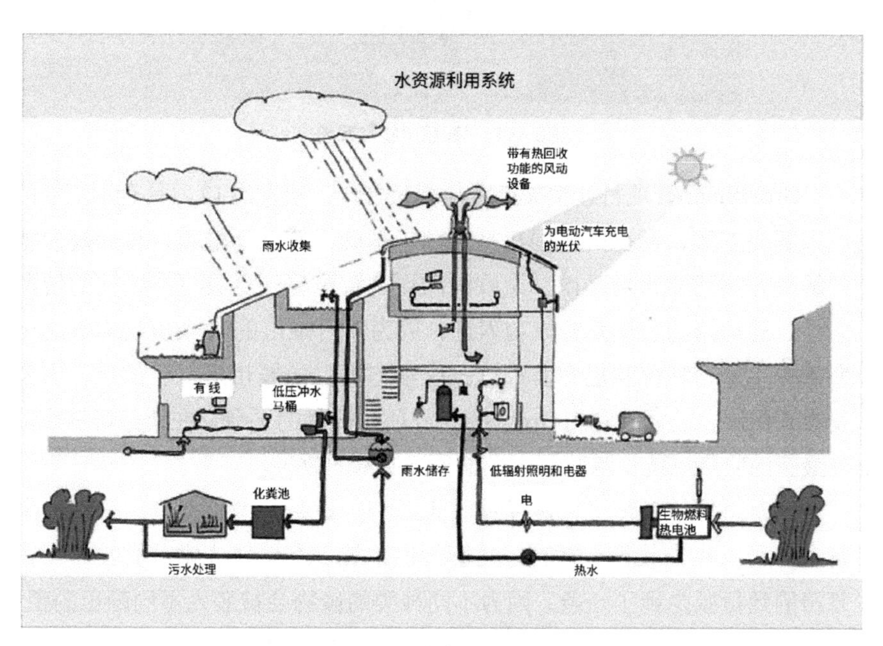

图6-33　水资源利用系统

四、可持续设计的日常设施应用

1.自动废物收集和光学分类结合运用

从事地下废物收运的瑞典公司恩华特发布的废物自动收运系统，将光学分类技术结合到了系统中。人们将该公司新推出的系统戏称为“智慧废物”系统。该系统使用的光学分类技术由恩华特公司的子公司Optibag研发，研发过程得到了来自欧盟GrowSmarter（提升智能程度）项目的资助（图6-34）。

图6-34 “智慧废物”系统

GrowSmarter项目让相关产业与城市合作，研发出12项具有示范性的智慧城市解决方案，涵盖的范围包括能源、基础设施、运输等，目标是为智能化的解决方案建立市场基础，为欧洲向更为智慧化、更具可持续性的转型创造条件。恩华特的收集系统成功入选，成为项目推出的12项解决方案之一，在斯德哥尔摩、科隆和巴塞罗那这三座参与项目的城市进行了试点。该公司的发言人指出，公司将利用GrowSmarter项目提供的平台，在斯德哥尔摩试运行其最新的收集系统，测试整合光学分类技术的效果。

作为恩华特公司主力产品的收集系统，该系统为每类废物分别提供收集管道，所以各个收集点都有好几套管道系统。在使用光学分类技术后，收集管路的数量减少到了一条，因为不同种类的废物会被装入不同颜色的塑料袋，到达收运终点时，便可利用光学技术实现分类。恩华特指出，这样的解决方案不仅能够降低管道收集系统的安装和运行费用，还能使收集点的占地面积至少减少$2m^2$，在节省空间的同时，起到了美化市容的效果。该公司进一步指出，在使用“智慧废物”系统后，城市中垃圾收集口的数量减少了70%，而收运站的占地面积也从$200m^2$降低到了$50m^2$。此外，收运点还运用了RFID技术，针对每个用户对废物进行分类称重和分析。

“智慧废物”系统光学废物分类技术所用的颜色体系：绿色为厨余垃圾、橙色为塑料包装、灰色为纸类和其他垃圾（图6-35）。

图6-35 “智慧废物”系统光学废物分类技术所用的颜色体系

恩华特公司的总经理帕特里克·哈拉德逊在“智慧废物”系统的发布仪式上指出，“智慧废物”系统能够在节省街道空间的同时，降低自动收集系统的安装费用，从而有希望大幅降低恩华特自动收集系统的安装难度。

2.智慧街灯

在美国拉斯维加斯，有一款走路就能给路灯充电的智能街灯。这款街灯由纽约创业公司设计，它的充电方式除了太阳能，还可以利用行人走路来进行充电。与街灯相配套的还有几块踏板，行人在路上行走时，总会踩到一两块踏板，每一步可以产生7W的电力，而这些电力将被存储到电池中，供街灯使用。除此之外，它还能为汽车提供充足的电能。这款街灯具有灵敏的感应功能，在有车辆通过时它才会亮，车辆通过后它就会熄灭，从而达到节能的效果（图6-36）。

图6-36 集多种功能于一身的智慧街灯

3.智慧交通

随着人工智能的技术前景与商业应用前景日趋明朗，智能网联汽车技术发展已经进入了快车道。奇瑞作为国内首个拥有智能底层控制技术的车企，近年来致力于构建以用户体验为核心的智能移动出行新生态。为此，奇瑞规划了“智能网联124战略”，即打造一个人、车、生活融合的智能互联生活圈，建立自动驾驶、智能互联两大创新技术平台，分4个阶段实施，到2020年实现完全自动驾驶。这一战略规划与国家的人工智能产业战略规划不谋而合，体现了奇瑞汽车极具前瞻性的战略眼光（图6-37）。

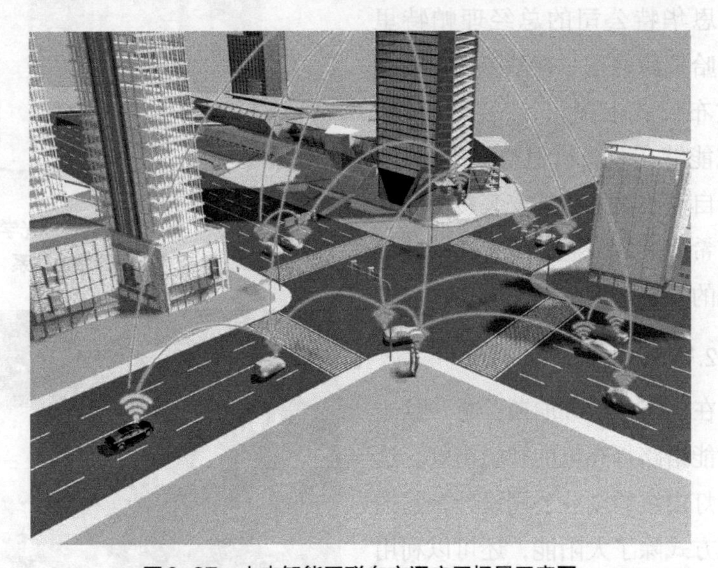

图6-37 未来智能网联车交通应用场景示意图

早在2010年，奇瑞汽车便率先布局智能网联汽车技术，低调启动智能网联汽车技术研发，并与中科院合肥物质科学院联合，建立无人驾驶汽车技术平台。2016年，芜湖市人民政府与百度联合在芜湖高新区建立全球首个“全无人驾驶运营基地”，为奇瑞智能网联车运营奠定了基础。2016年11月，在浙江乌镇举行的世界互联网大会上，奇瑞与百度合作开发的EQ无人驾驶汽车进行了国内首次开放城市道路试运营（图6-38）。2017年9月，奇瑞与百度、中国联通携手打造的第二代奇瑞智能网联车，在江苏无锡市进行的2017世界物联网大会期间进行了现场技术展示，让现场粉丝亲身感受到智能网联车的魅力。

图6-38 奇瑞EQ无人驾驶汽车在2016年世界互联网大会期间试运行

目前，经过多年的努力，奇瑞汽车已完成两代智能网联车研发。第一代智能网联车为小蚂蚁概念车，对自动驾驶功能进行了预研，并完成了汽车主动安全技术的研发；第二代智能网联车是基于艾瑞泽5平台的半自动驾驶汽车，安装有单目摄像机、毫米波雷达、车载电脑及显示器，进行了制动、转向的改装，实现了自动紧急制动、车道保持、自动跟车、主动避障等功能。正在研发的第三代智能网联车——奇瑞EQ电动汽车平台高度自动驾驶汽车，将是一款具有产业化能力的高度自动驾驶汽车。该车在第二代自动驾驶汽车的基础上，添加了导航定位功能、地图信息，使汽车具有环境感知功能、决策控制功能、导航定位功能、路径规划功能、车路协同功能、车车协同功能等，进而使得汽车实现点到点的行驶，实现高度自动驾驶。

五、可持续发展的智慧生态社区

智慧生态城区（社区）是社区管理的一种新理念，是新形势下社会管理创新的一种新模式。它充分借助互联网、物联网，涉及智能楼宇、智能家居、路网监控、个人健康与数字生活等诸多领域，充分发挥信息通信产业发达、电信业务及信息化基础设施优良等优势。

城市是人类文明发展的产物，社区是其最基本的组成部分。社区作为城市居民生存和发展的载体，其智慧化是城市智慧水平的集中体现。智慧生态社区从功能上讲，是以社区居民为服务核心，为居民提供安全、高效、便捷的智慧化服务，全面满足居民的生存和发展需要。智慧生态社区由高度发达的“邻里中心”服务、高级别的安防保障以及智能的社区控制构成（图6-39）。

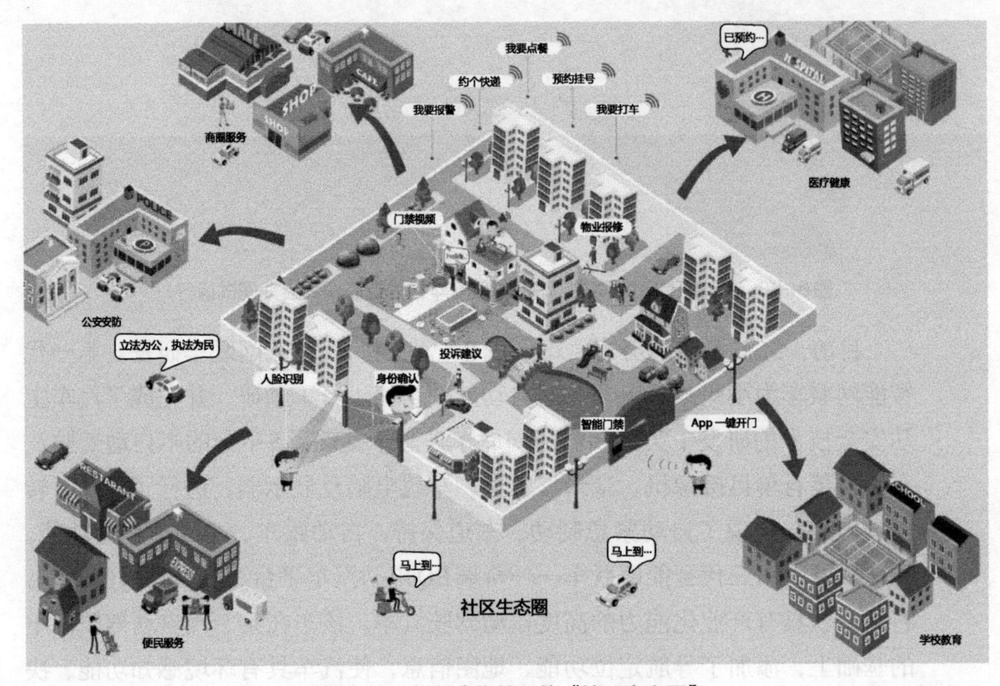

图6-39　智慧生态社区的“社区生态圈”

对集群实体空间进行生态环境管理是智慧生态社区的创新方面，它对集群的自行组织非常重要。寻求生态创新的集群成员主动采取行动将它激活。以这种方式，集群成员可以在通过减少运作成本、减轻对环境的影响面而获利的同时，解决一系列的环境问题，比如材料的回收利用、节能、废物处理、风险管理和其他形式的生态创新。

生态创新这一概念是指，在生产活动中寻求提高环境保护水平的创新活动。它包括新生产工艺、新产品或新服务、新型企业管理方法。通过实施可以避免或很大程度地降低环境风险、减少污染并减轻其他不良的环境影响。

集群内部促进环境创新的集群行动形成了一种具有环境意识的文化，并在减少生产成本、创建生态品牌和竞争力等方面形成了优势。集群内部的生态创新和生态区行动能够极大地改变传统集群的景现，从原先开展各种破坏环境的活动和土地集约型活动，到现在成为拥有更高质量和更高美学价值的地区。

【案例6-5】绿色之都——德国弗莱堡

在国际上享有“绿色之都”美誉的德国弗莱堡市，近年来诞生了两例可持续城区发展的成功典范。一个是新城区的丽瑟菲尔德（Rieselfeld），另一个是由旧军营改造而成的沃邦小区（Vauban）。这两例城区案例，是在20世纪80年代末和90年代初，人们对住房的大量需求中应运而生的。

丽瑟菲尔德新区坐落于弗莱堡市的西郊，所建造的住房可供约12000人居住。丽瑟菲尔德新区所蕴含的城市规划理念，最初来源于“城市发展及环境规划创意大赛”。这个占地面积约70hm^{2}的新区，建在了具有一百年以上历史的一个污水处理场的东部，是在经过了详细而广泛的地质勘测和去污处理后，才进行住宅开发建设的。这个新区，是一个人口密集（容积率大于1）的城市社区，高质量的公共空间、私人绿地以及休闲娱乐场所等基础设施的土地规划，避免了不必要的空间分隔和浪费。其规划理念的基础有三：一是灵活性，既考虑到开发，也顾及到未来；二是自适性，90%以上的建筑物最高为六层住宅公寓，既充分考虑到女性、家庭、残疾人和老年人的利益，又以商住相融，解决了居住地和工作地分开的问题，以小体量的用地建造多样化的建筑形式和结构，满足了不同目标消费群体的独特需求；三是环保型，以生态目标为导向，推广了低能耗的建筑，使用了电热联产电站供暖和综合利用太阳能、雨水回收再利用，并以环保型有轨电车作为区内交通方式，将公共交通、步行道、自行车道和30km限速区以及自然小径进行有效的融合，使之成为许多欧洲动物、植物、鸟类栖息地的自然保护区。

沃邦小区原是一个兵营，面积有38hm^2，居民人口有5000人左右，地理位置与市中心相距不远。这是一个富有吸引力的、适合小家庭居住的社区，小区居民具备生态意识的城市发展主动性强的特点，社区以“环保意识浓厚”而著称。小区内的房屋多为居民集体建造的环保型、低耗节能的自给型住宅，充分利用了太阳能等可再生能源。在沃邦小区内，所有的古树都得以保存，楼房之间的绿化带不仅能改良小气候，而且是儿童们游玩的场所。市区内的公共基础设施如学校、幼儿园、青少年活动中心、居民活动站、商贸市场和休闲娱乐场等非常完善。小区内的楼房平顶不仅有绿化，而且有效收集、储存和利用了雨水。住宅区内限制私人汽车的使用，并将私人汽车统一存放于区内的公用车库。连接市中心和沃邦小区交通的是便捷的公交有轨电车（图6-40）。

图6-40 有轨电车徜徉在社区绿地上

这个案例的成功之处，就在于对现代城市规划建设管理和改造的先进理念和超前决策意识。“绿色之都”代表了可持续性城市发展。就城市的资本而言，一是大自然；二是市民居民的参与；三是环境保护的政策。这三者相互交融，缺一不可。也许正是由于高效率的环境和气候保护政策，如城市林地绿肺、气候保护、空气和土壤质量保护、新能源的使用和推广（太阳能、风能、水资源利用）以及地区公共交通网、新的就业机会还有市民的主动参与，才使得弗莱堡市获得了新的经济增长和可持续发展，而其环保经济也成为重要的经济支柱产业。正因为如此，弗莱堡市成为一个集自然风光、科技、文化、气候、城市生活方式和新的生活品质于一体的城市，使得这座城市锦上添花（图6-41）。

图6-41　便捷的社区自动售卖系统

【案例6-6】瑞典哈马碧——循环的宜居生态城

哈马碧（Hammarby）位于瑞典首都斯德哥尔摩城区东南部。20世纪90年代初，为争取2004年奥运会的主办权，斯德哥尔摩市政府开始对哈马碧进行改造，并将其规划成为未来的奥运村。虽然申办奥运会失败，但哈马碧的建设并未停止。目前哈马碧占地面积约204万平方米，大约有2.8万居民、1.2万个公寓、1.6万多名工作人员。如今，哈马碧已经建设成了一座高循环、低能耗的宜居生态城，成为全世界建造可持续发展城市的典范。

（1）垃圾自动回收系统

哈马碧的垃圾自动回收系统在全球范围内都算比较成熟和领先的。在哈马碧生态城的每个居民楼下，都摆放着颜色各异的垃圾桶。这些垃圾桶实际是地下垃圾回收管道的入口，这些入口都连接着地下垃圾回收的网络系统。在每个垃圾桶内都安装了垃圾回收的传感系统，当回收管道入口的垃圾达到一定量后，传感系统会向整个回收系统的中枢控制系统发出信号，中枢系统会立即打开管道隔离区的挡板，所有的垃圾会进入地下垃圾回收管道，最终被抽吸到城市近郊的垃圾处理厂。整个垃圾回收系统的设计遵循“就近楼宅源头分拣”“就近街区回收间”“就近地区环保站”三个层级。

与此同时，不是所有的垃圾都可以通过垃圾回收系统来自动回收，居民在垃圾出家门前要做详细的分类。例如，生活垃圾中的有机食物残渣、纸质垃圾等是可以扔进回收系统的；一些塑料制品、金属等可回收的垃圾要人工分类；有毒有害物质更要严格遵守处理程序，放在指定的位置由专门的工作人员来进行回收处理（图6-42）。

图6-42 社区内严格的垃圾分类系统

（2）节水措施及水分类处理系统

哈马碧目前的人均每日用水量大约为150L。为了将哈马碧住户的人均每日用水量降至100L，社区居民从日常生活用水的细节入手，提高水资源的循环使用效率。倡导每个家庭都安装低用水量的抽水马桶、高标准的洗碗机和洗衣机，并且在水龙头上安装空气阀门，从而有效降低家庭生活用水量。在水分类处理的过程中，哈马碧将生活废水和自然水源（如雨水和雪水）进行区别处理。在哈马碧的所有建筑物之间，都会修筑一些景观水渠，它们和生活污水的排放渠道没有交集，所以不会被污染。这些水渠集聚的水达到一定量后就会被排到周边更大的水系。对于水中杂质的沉淀和净化都使用自然手段，尽量不借助可能会产生能耗和排放的工具。

（3）资源循环利用系统

除了有非常先进的废弃物回收系统和分类处理系统，哈马碧的成功之处还在于将这些废弃物进行循环利用，在高循环和低能耗的城市实践中起到了很好的示范引领作用。从整个城市规划的预期目标得知，未来哈马碧普通社区居民的能源供给，都通过自身的资源循环利用系统来实现。如上所述，在地下垃圾回收系统的终端，即城市近郊的垃圾处理厂，其功能不仅是简单的垃圾分类处理，它的另一个重要使命就是能源的再造（图6-43）。例如，电热厂通过与地下垃圾回收系统及污水处理系统相结合，来生产热力与电力。生产过程中的废弃物残渣可以用于生产生物燃料，来供给哈马碧的城市公共交通和新能源汽车。此外，哈马碧的绝大多数城市废弃物都用来解决家庭部分能源需求。建筑物的设计不仅考虑到节能，而且还通过安装在外墙和房顶的太阳能板来产生能量，解决家庭部分能源需求。

图6-43　社区附近的垃圾分拣及能源再造中心示意

哈马碧的成功不仅仅是因为它提供了很多“城市病”的解决之道，更重要的是它把这些解决之道进行了有效的衔接。能源的循环使用、垃圾循环处理、绿色建筑、城市公共服务等不同的城市功能都被纳入一个有机的体系中，就像人体的呼吸、消化或吸收，虽然属于不同系统，但却能作为一个共同体协调运作。

【案例6-7】中国广州——机智云智慧公寓、智慧地产、智慧社区解决方案

机智云提供的智慧公寓解决方案覆盖技术生态、应用生态和产业共享合作，基于机智云平台接入的成熟家电产品通过智能场景化构建，搭载机智云成熟的运营管理系统服务，可以有效帮助公寓运营商提升自己的运营效率、降低成本、扩大品牌影响力、提升用户居住体验。机智云推出的“宅居管家”目前已具备六大解决方案：公寓管理、智能门锁、智能家电、资产管理、资产动态、资产使用记录等。资产系统管理是静态管理，可以实现手机端实时的管理，无须改造设备即可轻松升级，为公寓运营方实现了智装场景和新商业模式的探索（图6-44）。

图6-44 机智云“宅居管家”方案展示厅

机智云智家App（以下简称“智家”）是一个跨平台的App，有完整的用户注册、登录和注销流程，可以完成机智云智能硬件的配置入网、设备搜索、设备绑定、设备登录、设备控制、远程控制、状态更新、本地远程切换、分组控制、智能场景等基本设备操作，也可以根据客户定制的需求，通过后台生成对应功能。

接入机智云的智能设备可以通过智家配置入网，配网成功后会出现在设备列表中。用户注册成功后会自动登录机智云用户系统，并获取到已绑

定的设备列表。如果当前Wi-Fi局域网络内有已入网的设备，也可以发现并绑定到自己的账号下。在设备列表中点击设备，可以进入设备控制页面，给设备下发操作指令。

智家能够检测到设备状态的变化和报警、故障的发生，以及设备在线离线状态时的变化，并及时通知用户。用户可以通过智家对设备进行分组，以达到分组控制的目的；还可以通过智家创建场景，并在场景中添加不同的设备，指定设备执行的指令，从而可以一键执行不同设备的不同指令，达到智能场景的目的，随时随地控制家庭电器，实现多品牌、多品类智能联动。目前智家支持接入Amazon Echo、Google Home等智能语音设备。智家可快捷控制，使家庭、房间分级，管理更加方便。

目前，机智云已与梦想社区等多个社区公寓合作，将“宅居管家”解决方案应用落地。已经实施落地的案例有梦享社区——北山智慧社区（广州市海珠区政府重点试点项目）。

梦享社区——北山智慧社区落户海珠区官洲街道。官洲街道位于广州市海珠区东南部、广州“万亩果园”生态保护区内，东邻番禺区，南邻珠江后航道，并与官洲国际生物岛、广州大学城隔江相望。为改变原有城中村旧貌，官洲街道引入公寓运营商，改造符合城市发展需求的新社区（图6-45）。

图6-45 梦享社区——北山智慧社区

针对城中村社区化微改造，除了硬件基础设施的重新设计装修外，还加入了机智云针对出租屋的宅居智能化运营管理平台，实现最前沿科技的物联网化运营管理，通过安装智能设备、运营管理平台和手机App，实现房屋、设备、用户、租金、物业等在线管理。支持对接社区政务服务，加强流动人口管理，方便社区管理者加强精神文明建设。支持对接衣、食、住、用、行等生活服务，连接周边社区生活店，有效形成基于住房的互联网化生态社区，进而带动周边服务水平整体提升。

机智云宅居智能化运营管理平台提供“供应链+金融+个性化服务”的一站式“轻”运营方案，将智能家电、智能家具、公寓配套、定制装修、系统应用、金融租赁等服务融为一体，通过App、语音等主流控制终端，给用户提供全新的居住体验，提高生活的质量和舒适度。这种模式适用于城中村房屋管理。出租业主可以进行远程房源管理、租户管理、水电表统计，并获得自动生成的数据报表等该模式可以让空房更快出租，租客更易管理，财务更加清晰，提高企业工作效率，降低运营成本。

机智云的下一步计划将会配合其他地方进行“三旧”改造，为推进新型智慧城市做出努力和贡献。机智云宅居智能化运营管理平台也将快速形成标准化方案复制，规模化服务公寓品牌企业。

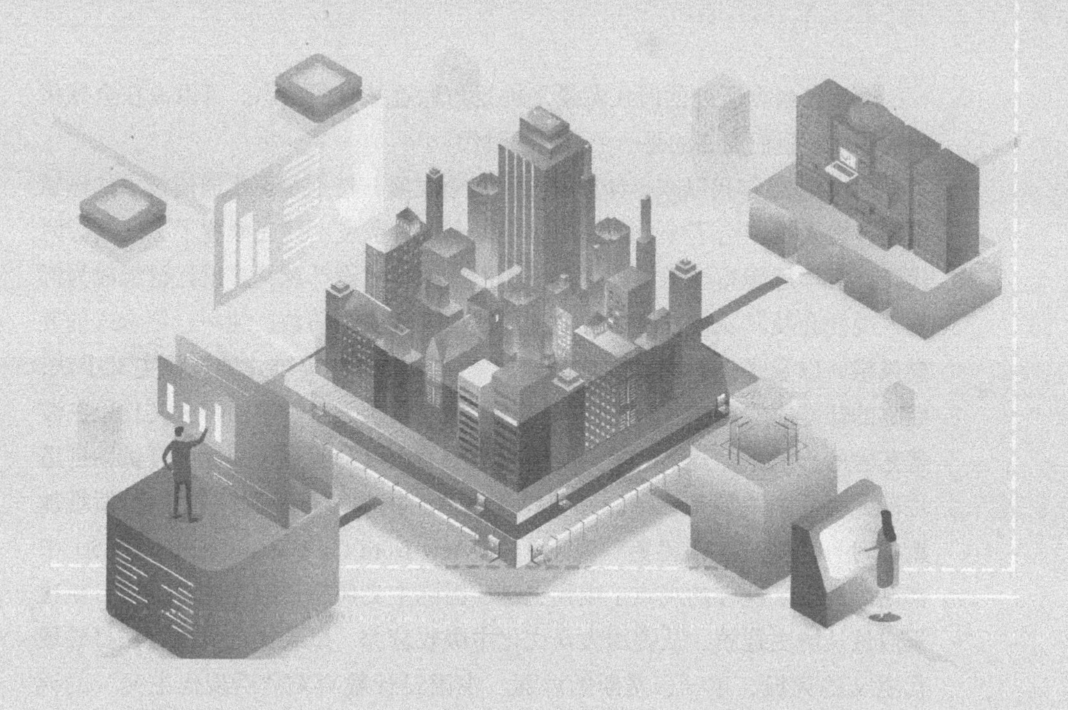

第七章

迈向生命时代的智慧环境设计与未来创新设计趋势

设计在当今所处的时代背景是挑战与尴尬并存的状态。可以说在全球化的浪潮下，我们面临的是一个全新的时代。

20世纪50年代以来，计算机技术飞速发展，特别是现代通信技术的迅猛发展，为人类创造了一个全新的时空概念。时空尺度彻底颠覆了工业社会时代设计哲学思想指导下的设计范围、设计内容、设计意义。设计已经成为影响人类社会及其城市发展的主要因素。而现代主义简洁、纯净、纪念式的美学风格，以及那些为超大规模的建筑需求而准备的英雄式的现代主义手法，面临的却是欣赏趣味和现实需求已经发生变化的大众。罗伯特·文丘里在波普艺术的影响下，开始对美国城市生活中的大众符号进行研究，并试图创造生动、有活力的城市意象。其著作《建筑的复杂性与矛盾性》《向拉斯维加斯学习》《“坎皮达格里奥”观点》（A View from the Campidaglio，1985）中都明确提出了这样的观点：现代主义、国际主义风格已经走到尽头了，新建筑应该从历史建筑、从美国大众文化中吸收营养，以装饰主义的方法打破现代主义的刻板、单一、垄断的局面。中国设计教育对“后现代主义”的误读，简单粗暴地把它认为仅仅是一种对“设计”本身无关痛痒的思潮，仅仅是建筑形式或立面的语言符码化，就这一点而言，或许我们需要重新阅读一下文丘里1950年普林斯顿大学的硕士论文——《论建筑构图中的情境》。该论文提出：在建筑当中，应该将“情境（Context）”（而非国内常译的“文脉”）视为一个考量的方面，而这种做法和20世纪50年代盛行的包豪斯思想指导下的现代主义信条是完全背道而驰的，因此我们完全可以把它视作那个时代最富有革命性的提法；而其本质是以格式塔心理学（Gestalt Psychology）中的“知觉背景”（Perceptual context）为研究切入点，以接纳多元性和多元文化主义作为建筑设计方法，展示“背景环境”对于建筑的重要性及影响。它考虑“情境的艺术”和肉眼所感知到的环境要素，并将“设计”作为一种研究的对象，来进行批判与探讨，这正是对当时作为“风格”的现代主义设计美学的深刻反思。这篇论文被视为《建筑的复杂性与矛盾性》的基石。这种从“研究”的角度来对设计本身的内在规律与结构进行探讨，而非一味对“物”本身进行形式上的模拟，其将设计作为一种研究的意义与柯布西耶在对古典主义发起向机器学习的“走向新建筑”革命性宣言是毫无二致的。

“从功能主义的满足需求到商业主义的刺激需求，进而到非物质主义的生态需求”，我们这个时代设计所面临的正是这样一个复杂、多元化、全球化、领域交融、在新的体系下探索共生跨界，并将在设计的各个方面产生新范式的时代。作为一种趋势，基于“研究”的设计正是让我们在探讨对传统物质设计为对象的基础上，去探究设计价值观层面更为深入的内涵，而这种设计的成果不是静态的，很可能是一种动态的状态。这种趋势可以追溯到20世纪末至21世纪初，画家和建筑师或音乐家们如毕加索、布拉克、塞尚、勋伯格等，都被一种共同的观念驱使，即寻求本质，寻求艺术的根基。作为建筑大师的柯布西耶也从对理性的“功能”和“直角”的迷恋转到了对设计精神空间形式的潜意识研究，从而使人们在朗香教堂的空间塑造中感到了“塑造”和“雕塑”的材质与体量带来的神秘主义。

作为一种对传统经验性教学模式的反思，对当代中国环境设计教学进行研究需要有一种再思考的过程。“师徒制”是大学体制中的环境艺术设计教育从创始至今一直坚持的。其中一个根本的原因是，关于如何做设计的知识和方法似乎只可意会，不可言传。作为一种特殊的其最佳学习途径唯有观察和模仿有经验的设计师做设计，靠自己的悟性来体会的学科，这种经验性、随意性和不确定性的教育方法教育并影响了几代人。教师在设计辅导时说什么、画什么，完全受当时面对的具体问题以及师生互动的影响。即使是同一个教学小组内，各个学生得到的信息也会有很大的差别。随着“创意”概念的泛滥，设计知识往往是通过肤浅的、过度强调形式化的设计课，无计划地、碰运气地、偶然地教给学生。“经验性的设计教学只需要大师，不需要方法”，这种论调在当代开设环境艺术设计学科的院校内比比皆是，其中受影响最大的是学生。当我们看到一个个学习环境设计专业的学生捧着一堆由媒体精心包装过的宣扬“创意”自由的时尚设计杂志乐此不疲，而同时大量阐述环境设计理论的系统书籍却在图书馆落满灰尘的时候，我们就不得不悲观地认为：一个没有研究传统和理论依据的学科是无论如何也发展壮大不了的。看看与我们相邻的建筑设计专业，同济大学冯纪忠教授在20世纪60年代就显然看到了经验式设计教学的局限性，他指出，“我们在找，在摸索设计课程的规律，但一般都通过设计过程来研究，这是一门极其特殊的科学。从个别中抽象出一般，如何掌握一般规律是主要任务，光靠学生‘悟’是不够的，教师要研究一般规律……”他把建筑空间的组织作为设计的一般规律来研究，“设计是一个组织空间的问题，应有一定的层次、步骤和思考方法，同时也要考虑综合运用各方面的知识。”他还清楚意识到，关于空间的研究有认识论的问题，也有方法论的问题。改革开放以来，特别是最近的十多年，设计教学研究在环境设计的学术活动中愈来愈占有重要的地位，不仅有专门的学术会议和专业期刊可以发表教学研究的成果，而且大学也有各种教学的评估和奖励。但是，我们在对“创意”概念本身缺乏清晰认识和对“创意”实践盲目冒进的现状下，对环境设计教学研究本身的认识还很不充分，特别是对设计教学研究作为环境设计学科研究的一个重要手段缺乏基本的认识。

环境设计专业与其他设计学下属专业相比，就专业特性及教学模式而言，都更加注重理论与实践的结合。而我国传统设计教学模式比较着重于某些以形式美为特征的设计语言理论，与发达国家重视多学科跨界交融、强调以设计研究为特征的理论与实践教学模式相比，这难免会使环境设计专业学生毕业后无法更好地适应社会随着科技高速发展对环境设计师不断提升的要求。因此，研究型设计阶段作为整个环境设计学科教学体系中最重要的环节，也就有着非同一般的意义。作为走向生命时代共生设计观的当代可持续环境设计教育，其本质就是主动学习、吸收和形成基于可持续发展理念的当代先进设计理论和设计方法，在环境设计教学体系中原本以“物”为研究对象的课程系统中加入以可持续发展设计为导向的共生环境设计理念，从而真正凸显环境设计学科的创造性、前瞻性和责任性。以可持续发展设计为导向的环境设计理念在设计教学中需要重点提出的问题有以下几个方面：

① 设计与可持续发展概念的关系问题；

② 可持续设计的价值（手段价值，内在价值）问题；

③ 可持续设计的科学基础问题；

④ 可持续设计规范的确立与评价问题；

⑤ 可持续设计的具体研究方法问题。

教学中研究性、创造性思维的培养，应建立在有利于人、建筑、环境和谐共生基础之上的可持续发展设计系统中。20世纪60年代诞生的生态学新思潮改变了人类看待自然的方式，“人类与地球共生”的观念直接使设计教学与研究重新恢复了自然的机体特征。在环境设计教学的全过程中，我们应当强调土地、空气等这些不可再生资源在环境设计中的可持续共生应用，对于人造物质也应当重复使用以维持自然生态的稳定和地球的共生系统。可持续设计倡导下的“绿色消费”要求在设计院校教育这个环节就引起高度重视。“三

R”[1]和“三E”[2]的设计原则应当从环境设计专业教育的一开始就被行业、学校、教师导入到每一个环境设计专业学生的入门课程中。在低年级设计基础课程中就增加设计对环境发展的重要性、尊重自然环境景观、节约能源、考虑气候、增加生态环保意识等方面的可持续设计思想及相应技术设计手段的普及，从而代替以往单纯以三大构成形式训练为主体的设计基础训练。在高年级的设计课程中，可以要求学生在住宅设计、酒店设计、商业环境设计等以往以常规功能空间为划分依据的环境设计课程中，融入可持续设计的要求，或者开设可持续设计专题的阶段性设计工作营，从而明确为大多数人创造更适宜的生活环境、有利于社会可持续发展、具有环境价值观的设计才是创造性设计的基础这一全球化背景下的通用设计理念，而不仅仅是追求设计形式本身的标新立异。从而将可持续发展理念与环境设计教学课程系统有机结合起来，将可持续发展建筑理论教学与原有教学内容有机地结合起来，建立一套符合中国特色的基于共生跨界设计观的，以研究型设计为特点的系统，以及渐进性整体可持续的环境设计教学模式。

克里斯·弗里曼与弗朗西斯科·卢桑教授在《光阴似箭：从工业革命到信息革命》一书中，凭着对人类历史演化过程的深刻体验和深邃的理论眼光，提出了从工业革命到信息革命的变革本质是由技术、科学、经济、政治和文化五个子系统组成的有机整体，并每隔一定时期出现新技术集群提供完善的支撑结构这样的深刻论断。从设计的发展来看，同样需要思考的是从工业革命到信息革命时期设计内涵、意义、范围、方法等各方面产生的深刻变化。

如果说，包豪斯的出现是代表现代工业与艺术走向结合的必然结果的工业革命时期最重要、最具有代表性的设计研究观的变革的话，那么，包豪斯的成功就可以看作是一次跟上工业革命时代步伐、符合当时时代要求的新设计思维产生的成功。针对工业革命时期的大工业生产，以包豪斯为代表的现代主义设计思想提出了“技术与艺术相对立”“艺术与技术相统一”等理论，这些理论逐渐成为包豪斯教育思想的核心，至今这些设计观点对我们所处信息革命时期的设计研究与实践都有深远的借鉴意义。正如田自秉先生的《工艺美术概论》一书中写道的：“20世纪初的包豪斯工艺思想体系……在工业十

---

[1] 三R：Reduce（减量）、Reuse（重复使用）、Recycle（回收）
[2] 三E：Ecology（生态）、Economy（经济）、Equitable（平等）

分发达的时代，应当利用科学成果，在工业技术的基础上，创造合乎功能的新工艺美术。机器产品虽然单调枯燥，但是机器只是工具，我们应当解决机器生产与艺术表现的矛盾，使设计、生产、经济得到有机的统一。”包豪斯设计思想代表的正是工业革命时期需要的偏重于艺术技能的传授，因为带有深刻的时代烙印，为了适应工业社会对设计师的要求所提出的强调功能、技术、经济和现代机器美学思想的“艺术与技术相统一”，必然也是以创造出一种适合工业化时代的现代设计教育形式与设计范式为要义的。表现在对文化等层面引发的对“设计多义性”的探讨缺失，也是其必然带有的时代局限性。

进入21世纪，信息技术的飞速发展使其快速成为一种传播与合作的媒介。以电子信息与传播技术为核心的信息革命的到来将全人类空前地融为一体。在全球化时代到来的背景下，人们面对的是全新的以电子信息技术为代表的新技术集群提供完善的支撑结构的技术、科学、经济、政治和文化方面的深刻变革。艺术设计作为一门反映当代人与环境、人与社会关系的极具时代特征的学科，其设计活动自身所具有的复杂性和综合性，使得信息革命时代的艺术设计从一开始就具有交叉性和跨学科性的特征。以多媒体性、超链接性、虚拟性和互动性等新特征为代表的赛博空间正以一种非物质的形态出现在设计中，深刻地影响着当代环境设计从工业革命、包豪斯设计观念以来受到的巨大冲击与变革。

电子传媒技术导致以虚拟现实为特征的数字化技术在文化艺术方面引发了如后工业时代、信息时代、符码化时代、读图时代、视觉文化时代等称谓的粉墨登场。在现代主义设计观指导下的当代环境设计必然不能继续停留在偏重于艺术技能传授的象牙塔内，必须坚守“为了适应工业社会对设计师的要求所提出的强调功能、技术、经济”的现代机器美学思想。加之当代生态环境的急剧恶劣与自然环境、人地关系的极度缺失，环境设计必然体现出其信息革命时期学科的新特征。陈汗青教授在《环境艺术的可持续发展论》一文中提出了三个未来环境设计的主要发展趋势：

① 减少原生资源的使用量，加速利用固体废弃物和劣质资源的资源化进程；

② 生产过程的环境协调化与朝着节能、高效、高性能化和循环经济的方向发展；

③ 新设计的目的是不断提高人们的生活品质，朝着信息化、交互化、多功能化和体验设计、虚拟设计的方向发展。这些都提醒我们需要开始将环境设计研究的重点转向信息虚拟化时代人造环境的形态构建问题，而这些问题恰恰又不是通过一门学科自身的知识体系可以解决的。

科学发展的最终目标是要完整而深刻地理解人、社会和自然，因此必须从整体性、联结性和系统性的角度去关注现实。而传统的学科建制往往将整体性的现实问题转化为其中每个分析性学科各自单独面对才能解释和应对的问题。由于传统的环境设计研究观建立在一种静止、机械、单一的以工业革命时期机器设计观为导向的基础上，因而在研究当前时代背景下所面临的问题就必然需要以一种系统联系性的跨学科研究设计观去作为尝试解决问题的途径。当代环境设计呈现出的一些新态势和特点也显示出艺术设计研究方式日趋复杂、艺术设计各专业界限越来越不明晰等特征，因此不同学科和领域的人们自觉地走到一起开展合作，通过超越以往分门别类的研究方式来实现对问题的系统整合性设计研究。在国外的环境设计研究中，Vincent Callebaut提出的“未来版诺亚方舟”作为一种基于“全球变暖导致极地的冰层融化并使海平面上升”环保议题基础，将信息技术与环境空间设计的跨学科尝试，用一个联系了人与自然的有生命的界面作为一种智能并可与人类互动的环境空间原型，以使其能取得人类与环境平衡的全新可持续绿色建筑融入生态系统中（图7-1）。IaN+事务所则将新生态学的地理、气候、经济、人口、技术、艺术、文化等因素与环境设计产生一种复杂的关系系统，以一种特殊的方式将建筑、景观与这个复杂系统联系起来，进而激发有益的资源利用及技术开发。

当代设计的发展史可以说是一部纷繁芜杂的人类行为变迁和文化、技术演进共同参与的历史。当代科学在20世纪以来显现的一个最重要发展趋势就是艺术与技术的融合，并进而与社会之间的相互渗透。因而，将艺术与科学渗透和交叉并将设计学科各专业层面各自研究中不同的方法和知识体系进行交叉共生研究，必然会将当代环境设计学科的设计思维和认知层面提升到当代科学所表现出的整体性、自组织性和动态演化性等“有机”特征层面上去，从而使得“设计”在人文的意义上扩展对科学的理解成为可能。

中国当代的环境设计研究与实践是建立在不断探索创新基础上的对西方

图7-1 Vincent Callebaut提出的“未来版诺亚方舟”设计方案

设计学科的设计方法论的学习与研究。所以，中国当代环境设计总体呈现出的是建立在以环境设计与当代建筑的跨界融合、环境设计与当代艺术的跨界融合、环境设计与当代数字化科技的跨界融合为趋向的特征，并经过非物质性建构技术思想、复杂性空间美学思想、虚拟性交互参与思想的发展与流变，才形成了在学科中共生的系统性环境研究观，从而产生了全球化背景下当代中国环境设计特有的将多学科系统作为一个由相互依存的各部分组成的研究共同体，并在数字化、信息化时代来临后进行深刻反思而形成的环境设计的当代可持续发展之路（图7-2）。

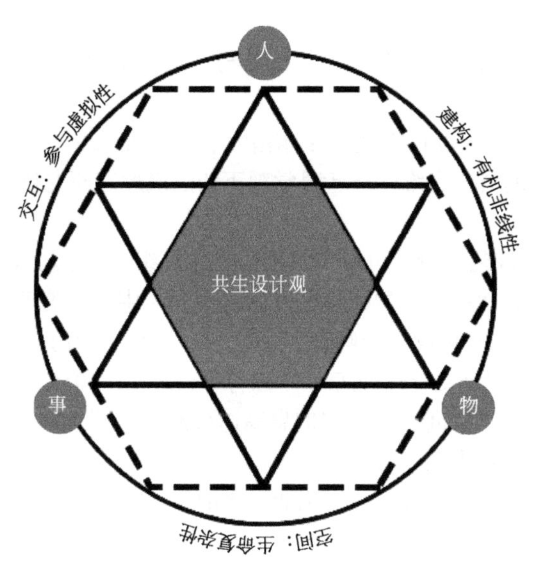

图7-2　基于当代跨界设计观的环境设计共生关系图例

（辅导学生获奖的智慧环境设计作品）

参考文献

[1] 俞传飞. 数字化信息集成下的建筑、设计与建造[M]. 北京：中国建筑工业出版社，2008.

[2] 张为平. 荷兰建筑新浪潮[M]. 南京：东南大学出版社，2011.

[3] 任军. 当代建筑的科学之维——新科学观下的建筑形态研究[M]. 南京：东南大学出版社，2009.

[4] 清华大学美术学院艺术设计可持续发展研究课题组. 设计艺术的环境生态学——21世纪中国艺术设计可持续发展战略报告[M]. 北京：中国建筑工业出版社，2007.

[5] 雷舍尔. 复杂性——一种哲学概观[M]. 吴彤，译. 上海：上海世纪出版集团. 2007.

[6] 王受之. 世界现代设计史[M]. 北京：中国青年出版社，2015.

[7] 米切尔. 比特之城：空间、场所和信息高速公路[M]. 范海燕，胡泳，译. 北京：生活·读书·新知三联书店，1999.

[8] 马克·第亚尼. 非物质社会——后工业世界的设计、文化与技术[M]. 成都：四川人民出版社，1998.

[9] 孙从丽. 非物质设计的发展趋势——强调为"情感"而进行的设计[J]. 艺术与设计（理论）. 2007（2）.

[10] 王政挺. 传播：文化与理解[M]. 北京：人民出版社，1998.

[11] 贝尔. 资本主义的文化矛盾[M]. 赵一凡，等译. 北京：生活·读书·新知三联书店，1989.

[12] 周正楠. 媒介·建筑：传播学对建筑设计的启示[M]. 南京：东南大学出版社，2003.

[13] 王葆华，王晶晶. 数字化时代对建筑设计的影响[J]. 中外建筑，2009（06）.

[14] 李砚祖. 设计：在科学与艺术之间[J]. 装饰，2001（3）.

[15] 冯纪忠. 建筑弦柱——冯纪忠论稿[M]. 上海：上海科学技术出版社，2003.

[16] 弗里曼，卢桑. 光阴似箭：从工业革命到信息革命[M]. 沈宏亮，等译. 北京：中国人民大学出版社，2007，10.

[17] 田自秉. 工艺美术概论[M]. 上海：知识出版社，1991.

[18] 罗卫东. 跨学科社会科学研究：理论创新的新路径［J］. 浙江社会科学. 2007（2）.

[19] 薛彦波，仇宁. 生态建筑+生长模式. 21世纪先锋建筑丛书[M]. 北京：中国建筑工业出版社，2011.